Die
Prinzipe der Dynamik

Von

Dr. Clemens Schaefer
o. Professor a. d. Universität Breslau

Mit 6 Figuren im Text

Berlin und Leipzig 1919
Vereinigung wissenschaftlicher Verleger
Walter de Gruyter & Co.
vormals G. J. Göschen'sche Verlagshandlung :: J. Guttentag, Verlagsbuchhandlung :: Georg Reimer :: Karl J. Trübner :: Veit & Comp.

Die Prinzipe der Dynamik

Von

Dr. Clemens Schaefer
Professor a. d. Universität Breslau

Mit 6 Figuren im Text

Berlin und Leipzig 1919
Vereinigung wissenschaftlicher Verleger
Walter de Gruyter & Co.
vormals G. J. Göschen'sche Verlagshandlung :: J. Guttentag, Verlagsbuchhandlung :: Georg Reimer :: Karl J. Trübner :: Veit & Comp.

Druck von Metzger & Wittig in Leipzig.

Vorwort.

Dem Inhalt des vorliegenden kleinen Buches liegt eine Vorlesung zugrunde, die ich zur Ergänzung der allgemeinen Vorlesung über Mechanik im S.-S. 1918 gehalten habe. Mein Ziel war darin, zu zeigen, wie die verschiedenen Prinzipe der Dynamik sich auseinander entwickeln und miteinander zusammenhängen. Insbesondere schien mir eine einfache strenge Darlegung der verschiedenen Formen des Prinzips der kleinsten Wirkung gerade heute wünschenswert, wo das genannte Prinzip in der Gravitationstheorie Einsteins eine so gewaltige heuristische Kraft entfaltet hat. Auf die Hamilton-Jacobische Theorie bin ich eingegangen, weil sie ebenfalls durch die Arbeiten von Schwarzschild, Sommerfeld und Epstein zur Quantentheorie dem Interessenkreis des Physikers nahegerückt ist.

Herrn Professor Adolf Kneser bin ich für sein Interesse und seinen Rat herzlichst zu Dank verbunden.

Breslau, April 1919.

Cl. Schaefer.

Inhalt.

§ 1.

Das Prinzip der virtuellen Verrückungen für holonome skleronome Bedingungsgleichungen.

Für ein System von n vollkommen freien Massenpunkten (also mit $3n$ Freiheitsgraden) lautet bekanntlich die Gleichgewichtsbedingung:

$$\text{(1)} \quad \begin{cases} X_\nu = 0, \\ Y_\nu = 0, \quad (\nu = 1, 2, \ldots n), \\ Z_\nu = 0 \end{cases}$$

wenn $X_\nu\, Y_\nu\, Z_\nu$ die rechtwinkeligen Komponenten der auf das ν^{te} Massenteilchen wirkenden Gesamtkraft bedeuten. Diese $3n$ Gleichungen sind einer einfachen Zusammenfassung fähig, wenn man jede der Gleichungen (1) mit einer willkürlichen Funktion, die wir beziehungsweise δx_ν, δy_ν, δz_ν nennen wollen, multipliziert und dann das ganze System addiert:

$$\text{(2)} \quad \sum_\nu^{1,n} (X_\nu\, \delta x_\nu + Y_\nu\, \delta y_\nu + Z_\nu\, \delta z_\nu) = 0.$$

Diese eine Gleichung ist wegen der Willkürlichkeit in der Wahl der $3n$ Funktionen δx_ν, δy_ν, δz_ν vollkommen gleichwertig dem System (1); sie sagt nicht mehr und nicht weniger aus als dieses. Denn wir können z. B. $\delta x_1 \neq 0$, alle übrigen δx_ν, sowie sämtliche δy_ν und δz_ν gleich Null wählen. Dann liefert Gleichung (2) das Resultat

$$X_1\, \delta x_1 = 0,$$

oder, da nach Voraussetzung $\delta x_1 \neq 0$ ist, folgt $X_1 = 0$, wie es nach (1) sein muß. So gewinnt man der Reihe nach aus (2) sämtliche Gleichungen des Systems (1) wieder.

Deutet man die Größen δx_ν, δy_ν, δz_ν als die Komponenten einer unendlich kleinen, gedachten Verrückung $\delta \mathfrak{s}_\nu$, die sämtliche Massenpunkte erleiden, so stellt der Ausdruck $X_\nu\, \delta x_\nu + Y_\nu\, \delta y_\nu + Z_\nu\, \delta z_\nu$ die Arbeit δA_ν dar, die von den Kräften $X_\nu\, Y_\nu\, Z_\nu$ bei der gedachten Verschiebung geleistet wird. Also stellt die linke Seite von (2), die $\sum_\nu \delta A_\nu = \delta A$ geschrieben werden kann, die gesamte Arbeit δA aller Kräfte dar, wenn jeder der n Massenpunkte eine Verschiebung $\delta \mathfrak{s}_\nu$ erleidet. Wir können also die Gleichgewichtsbedingung folgendermaßen formulieren: Bei einem völlig freien System von Massenpunkten ist im Gleichgewicht die Arbeit bei einer unendlich kleinen Verschiebung des Systems gleich Null.

Gleichung (2) stellt den einfachsten Fall des sogenannten „Prinzips der virtuellen Verrückungen" vor. Die vorhin dem System erteilten gedachten Verrückungen nämlich, die man im Gegensatz zu den wirklichen Verrückungen (den „aktuellen"), die wir durch das Zeichen „d" charakterisieren werden, durch das Symbol δ der Variationsrechnung zu bezeichnen pflegt, werden, um ebendenselben Gegensatz zu den wirklichen Verrückungen zu betonen, im mittelalterlichen Sprachgebrauch „virtuelle", d. h. mögliche Verrückungen genannt. Diese hier vorläufig ausreichende Definition wird im folgenden passenden Einschränkungen unterworfen werden müssen. Hier ist es wichtig, zu bemerken, daß im Falle völliger Bewegungsfreiheit des Massensystems, was wir ja hier vorausgesetzt haben, jede denkbare Verrückung als virtuelle zu bezeichnen ist; insbesondere sind die wirklichen Verrückungen auch „mögliche", d. h. virtuelle.

In dem eben betrachteten Falle völliger Ungebundenheit des Systems leistet das in Gleichung (2) enthaltene Prinzip der virtuellen Verrückungen in keiner Weise mehr, als das System der Gleichungen (1), es hat jenes keinen Vorzug vor diesem. Dies wird anders, wenn wir jetzt den Fall mit in Betracht ziehen, daß durch gewisse Bedingungsgleichungen (es mögen m an der Zahl sein, $m < 3n$), die zwischen den Koordinaten $x_1 y_1 z_1, x_2 y_2 z_2, \dots x_n y_n z_n$ der Massenpunkte bestehen, die Bewegungsfreiheit eingeschränkt ist. Es kann z. B. vorgeschrieben sein, daß jeder Massenpunkt sich nur auf einer bestimmten Fläche verschieben kann, und es wird nun nach dem Gleichgewicht des so beschränkten Systems gefragt.

Es existieren also Gleichungen von der Form

$$(3) \qquad \varphi_\varkappa(x_1 y_1 z_1, \dots x_\nu y_\nu z_\nu, \dots x_n y_n z_n) = 0; \qquad (\varkappa = 1, 2 \dots m).$$

Wie lauten nun die Gleichgewichtsbedingungen?

Daß hier eine wesentlich schwerere Aufgabe als vorher vorliegt, erhellt, wenn man sich folgendes klar macht: Statt die Bewegungsfreiheit der Massenpunkte durch die Bedingungsgleichungen (3) einzuschränken, können wir auch geeignet gewählte neue Zusatzkräfte Ξ_ν, H_ν, Z_ν zu den alten $X_\nu Y_\nu Z_\nu$ hinzutreten lassen, mit der Maßgabe, daß die Zusatzkräfte so beschaffen sein sollen, daß sie das Hinaustreten der Massenpunkte aus der ihnen vorgeschriebenen Fläche verhindern sollen. Sie sollen also in dem Endeffekt die Bedingungsgleichungen (3) ersetzen. Von diesen Zusatzkräften kennt man also zwar die Wirkung, aber nicht ihre Größe. Um übrigens einen geeigneten Namen für die Zusatzkräfte zu haben, wollen wir sie „Zwangskräfte" nennen.

Betrachten wir der Einfachheit halber zuerst einen Massenpunkt (Masse m_ν, Koordinaten $x_\nu y_\nu z_\nu$) und eine Bedingungsgleichung

$$\varphi_\varkappa(x_\nu y_\nu z_\nu) = 0.$$

Durch Summation können wir dann später stets zu dem allgemeinen Falle mehrerer Massenpunkte und Bedingungen übergehen. Der hier herausgegriffene einfache Fall ermöglicht uns eine geometrische Deutung im gewöhnlichen dreidimensionalen Raume. In diesem stellt die Bedingungsgleichung $\varphi_\varkappa = 0$ eine Oberfläche dar, auf der der Punkt bleiben muß. Ersetzen wir die Bedingungsgleichung $\varphi_\varkappa = 0$ durch die Zwangskräfte $\Xi_\nu H_\nu Z_\nu$, die dasselbe leisten, so wird unser Massenpunkt wieder völlig frei, nur, daß er nicht unter der Wirkung der Kräfte $X_\nu Y_\nu Z_\nu$, sondern unter derjenigen der Kräfte $X_\nu + \Xi_\nu$, $Y_\nu + H_\nu$, $Z_\nu + Z_\nu$ steht. Daher können wir die Gleichgewichtsbedingung (1) für ein freies System anwenden und haben also:

$$X_\nu + \Xi_\nu = 0, \quad Y_\nu + H_\nu = 0, \quad Z_\nu + Z_\nu = 0. \tag{4}$$

Oder, wenn wir zum Gedankenkreise des Prinzips der virtuellen Verrückungen übergehen, d. h. unserm Massenpunkte eine Verrückung $\overline{\delta \mathfrak{s}_\nu}$ erteilen, so finden wir nach (2):

$$(X_\nu + \Xi_\nu)\overline{\delta x_\nu} + (Y_\nu + H_\nu)\overline{\delta y_\nu} + (Z_\nu + Z_\nu)\delta z_\nu = 0, \tag{5}$$

oder auch:

$$X_\nu \overline{\delta x_\nu} + Y_\nu \overline{\delta y_\nu} + Z_\nu \overline{\delta z_\nu} = -(\Xi_\nu \overline{\delta x_\nu} + H_\nu \overline{\delta y_\nu} + Z_\nu \delta z_\nu), \tag{6}$$

d. h. die bei der gedachten Bewegung geleistete Arbeit der expliziten Kräfte $X_\nu Y_\nu Z_\nu$ ist im Gleichgewicht entgegengesetzt gleich der Arbeit der Zwangskräfte $\Xi_\nu H_\nu Z_\nu$. Diese Gleichung ist von keinem Nutzen, da im allgemeinen eben Ξ_ν, H_ν, Z_ν unbekannt sind. Um also überhaupt weiter zu kommen, um eine bestimmte Aussage über das Gleichgewicht in diesem Falle beschränkter Bewegungsfreiheit machen zu können, muß etwas Neues hinzutreten. Dieses Neue liegt im Hinzutreten einer weiteren Aussage über die Natur der Zwangskräfte, die in gewissen konkreten Fällen sehr plausibel ist, aber nicht allgemein bewiesen und daher für den allgemeinen Fall nur als Hypothese eingeführt werden kann. Es handelt sich um folgendes: Beachten wir, daß die Zwangskräfte Ξ_ν, H_ν, Z_ν nur das Heraustreten des Massenpunktes aus der Fläche verhüten sollen, so liegt die Annahme nahe, daß die Zwangskräfte normal zur Fläche $\varphi_\varkappa = 0$ gerichtet sind, d. h. daß $\Xi_\nu H_\nu Z_\nu$ proportional den Richtungscosinussen
$$\frac{\dfrac{\partial \varphi_\varkappa}{\partial x_\nu}, \dfrac{\partial \varphi_\varkappa}{\partial y_\nu}, \dfrac{\partial \varphi_\varkappa}{\partial z_\nu}}{\sqrt{\left(\dfrac{\partial \varphi_\varkappa}{\partial x_\nu}\right)^2 + \left(\dfrac{\partial \varphi_\varkappa}{\partial y_\nu}\right)^2 + \left(\dfrac{\partial \varphi_\varkappa}{\partial z_\nu}\right)^2}}$$
der Fläche sind. Es würden also nach obiger Annahme, wenn $\lambda_\varkappa$ den Proportionalitätsfaktor bedeutet, die Zwangskräfte zu schreiben sein:

$$\Xi_\nu = \lambda_\varkappa \frac{\partial \varphi_\varkappa}{\partial x_\nu}, \quad H_\nu = \lambda_\varkappa \frac{\partial \varphi_\varkappa}{\partial y_\nu}, \quad Z_\nu = \lambda_\varkappa \frac{\partial \varphi_\varkappa}{\partial z_\nu}.$$

Damit würden dann die Gleichgewichtsbedingungen (4) für unsern Massenpunkt:

(7)
$$\left\{\begin{aligned} X_\nu + \lambda_\varkappa \frac{\partial \varphi_\varkappa}{\partial x_\nu} &= 0, \\ Y_\nu + \lambda_\varkappa \frac{\partial \varphi_\varkappa}{\partial y_\nu} &= 0, \\ Z_\nu + \lambda_\varkappa \frac{\partial \varphi_\varkappa}{\partial z_\nu} &= 0 \end{aligned}\right.$$

oder auch, wenn wir nach (6) zum Prinzip der virtuellen Verrückungen übergehen:

(8)
$$X_\nu \overline{\delta x_\nu} + Y_\nu \overline{\delta y_\nu} + Z_\nu \overline{\delta z_\nu} = -\lambda_\varkappa \left(\frac{\partial \varphi_\varkappa}{\partial x_\nu} \overline{\delta x_\nu} + \frac{\partial \varphi_\varkappa}{\partial y_\nu} \overline{\delta y_\nu} + \frac{\partial \varphi_\varkappa}{\partial z_\nu} \overline{\delta z_\nu}\right).$$

Hierin sind die $\overline{\delta x_\nu}, \overline{\delta y_\nu}, \overline{\delta z_\nu}$ voneinander völlig unabhängig, da wir ja die Bedingungsgleichung unterdrückt haben. Um diese völlig freien Verschiebungen $\overline{\delta x_\nu} \ldots$ von sogleich einzuführenden spezielleren zu unterscheiden, haben wir sie mit einem horizontalen Striche versehen. Aus der Gleichgewichtsbedingung (7) oder (8) können in Verbindung mit der Gleichung der Fläche $\varphi_\varkappa = 0$ die 4 Unbekannten $x_\nu y_\nu z_\nu \lambda_\varkappa$ bestimmt werden. Man sieht also, wie die Einführung unserer Hypothese sich als wirksam erweist.

Bisher waren, wie betont, die Größen $\overline{\delta x_\nu}, \overline{\delta y_\nu}, \overline{\delta z_\nu}$ völlig willkürlich wählbar und voneinander völlig unabhängig. Deshalb wird im allgemeinen die rechte Seite von (8) nicht verschwinden können. Wenn wir aber die rechte Seite von (8) zum Verschwinden bringen könnten, so würden wir den großen Vorteil gewinnen, für die Gleichgewichtsbedingung im Falle beschränkter Bewegungsfreiheit denselben Ausdruck zu erhalten wie im Falle völliger Freiheit des Systems. Denn in diesem Falle werden ja (8) und (2) einander gleich.

Wie kann es nun erzielt werden, daß die rechte Seite von (8) sich annulliert? Offenbar darf ich zu diesem Zwecke die $\overline{\delta x_\nu}, \overline{\delta y_\nu}, \overline{\delta z_\nu}$ nicht vollkommen willkürlich lassen, sondern die Verrückungskomponenten müssen geeignet beschränkt werden. Und zwar folgendermaßen:

V o r der Verrückung gehorchen die Koordinaten $x_\nu y_\nu z_\nu$ des Massenpunktes der ihm vorgeschriebenen Bedingung $\varphi_\varkappa = 0$. Bisher dagegen brauchten die Koordinaten $x_\nu + \overline{\delta x_\nu}$, $y_\nu + \overline{\delta y_\nu}$, $z_\nu + \overline{\delta z_\nu}$ **nach** der Verrückung dies nicht zu tun. Denn ich kann ja die Verrückung etwa senkrecht zur Fläche wählen, also aus der Fläche heraustreten. Denn die Verrückung $\overline{\delta x_\nu} \ldots$ war vollkommen frei wählbar. Beschränke ich mich jetzt in der Wahl der Verrückungen derartig, daß ich verlange, daß der Massenpunkt nach der Verrückung auch noch auf der Fläche liegen soll, d. h. lege ich den Verrückungen $\overline{\delta x_\nu} \ldots$ die Bedingung auf, mit den Gleichgewichtsbedingungen verträglich zu sein, so haben wir, wenn die so spezialisierten Verrückungen mit δx_ν, δy_ν, δz_ν (ohne horizontale Striche) bezeichnet werden:

$$(9)\qquad \begin{cases} \varphi_\varkappa(x_\nu y_\nu z_\nu) = 0\,, \\ \varphi_\varkappa(x_\nu + \delta x_\nu,\ y_\nu + \delta y_\nu,\ z_\nu + \delta z_\nu) = 0\,, \end{cases}$$

also auch, wenn wir die zweite Gleichung nach Taylor entwickeln und hinter den linearen Gliedern abbrechen:

$$\varphi_\varkappa(x_\nu y_\nu z_\nu) + \frac{\partial \varphi_\varkappa}{\partial x_\nu}\delta x_\nu + \frac{\partial \varphi_\varkappa}{\partial y_\nu}\delta y_\nu + \frac{\partial \varphi_\varkappa}{\partial z_\nu}\delta z_\nu = 0\,,$$

also endlich durch Subtraktion der ersten Gleichung (9) von der eben enthaltenen:

$$(10)\qquad \frac{\partial \varphi_\varkappa}{\partial x_\nu}\delta x_\nu + \frac{\partial \varphi_\varkappa}{\partial y_\nu}\delta y_\nu + \frac{\partial \varphi_\varkappa}{\partial z_\nu}\delta z_\nu = 0\,.$$

Nun können wir so sagen: Wir wählen unsere Verrückungskomponenten δx_ν, δy_ν, δz_ν so, daß sie der Gleichung (10) gehorchen. Dann verschwindet natürlich die rechte Seite von (8), und wir erhalten das Prinzip der virtuellen Verrückungen in der alten Form:

$$(11)\qquad X_\nu \delta x_\nu + Y_\nu \delta y_\nu + Z_\nu \delta z_\nu = 0\,,$$

die aber nicht mehr für beliebige Verrückungen $\overline{\delta x_\nu}$, $\overline{\delta y_\nu}$, $\overline{\delta z_\nu}$ gilt, sondern nur für solche $\delta x_\nu, \delta y_\nu, \delta z_\nu$, die der variierten Gleichgewichtsbedingung $\varphi_\varkappa = 0$, d. h. der Gleichung (10) gehorchen.

Wir schränken nunmehr die Bezeichnung „virtuelle Verrückung" in der folgenden Weise ein: Unter virtuellen Verrückungen verstehen wir jetzt nur noch solche gedachte Verrückungen, die mit den Gleichgewichtsbedingungen verträglich sind. Wir bezeichnen sie im folgenden immer mit dem Zeichen δ.

Die Gleichgewichtsbedingungen für unsern Massenpunkt sind in (11) enthalten, die gleichzeitig mit (10) gilt. Aus (11), d. h. dem Prinzip der virtuellen Verrückungen, kann jetzt natürlich nicht mehr, wie im Falle völliger Bewegungsfreiheit, geschlossen werden: $X_\nu = Y_\nu = Z_\nu = 0$, was ja auch gemäß Gleichung (7) falsch wäre, sondern man muß, weil eben die drei Verrückungskomponenten nicht mehr voneinander unabhängig sind, folgendermaßen vorgehen: Wir multiplizieren (10) mit einem willkürlichen Faktor $\lambda_\varkappa$ und addieren zu (11). So folgt:

$$(12)\qquad \left(X_\nu + \lambda_\varkappa \frac{\partial \varphi_\varkappa}{\partial x_\nu}\right)\delta x_\nu + \left(Y_\nu + \lambda_\varkappa \frac{\partial \varphi_\varkappa}{\partial y_\nu}\right)\delta y_\nu + \left(Z_\nu + \lambda_\varkappa \frac{\partial \varphi_\varkappa}{\partial z_\nu}\right)\delta z_\nu = 0\,.$$

Darin können wir, gemäß Gleichung (10), eine der drei Verrückungen durch die beiden andern als bestimmt ansehen, etwa δx_ν durch δy_ν und δz_ν. Während also δy_ν und δz_ν willkürlich wählbar sind, ist nach (10) δx_ν durch sie bestimmt. Wir wählen nun das noch unbestimmte, aber frei wählbare $\lambda_\varkappa$ so, daß der Koeffizient von δx_ν in Gleichung (12) verschwindet. Es bleiben dann nur die Glieder mit den voneinander unabhängigen Verrückungen δy_ν und δz_ν übrig, und deren Koeffizienten müssen für sich verschwinden, eben wegen der Unabhängigkeit der δy_ν

und δz_ν. So erhalten wir also die folgenden drei Gleichungen, die ganz symmetrisch sind, obwohl die Schlußweise, die zu ihnen führt, für die erste eine andere ist, wie für die beiden letzten:

$$X_\nu + \lambda_\varkappa \frac{\partial \varphi_\varkappa}{\partial x_\nu} = 0,$$

$$Y_\nu + \lambda_\varkappa \frac{\partial \varphi_\varkappa}{\partial y_\nu} = 0,$$

$$Z_\nu + \lambda_\varkappa \frac{\partial \varphi_\varkappa}{\partial z_\nu} = 0.$$

Es sind dies wieder die Gleichungen (7), die zusammen mit der Bedingungsgleichung $\varphi_\varkappa = 0$, wie schon oben erwähnt, zur Bestimmung des Gleichgewichtszustandes ausreichen.

Was hier für einen Massenpunkt und eine Bedingungsgleichung ausgeführt wurde, läßt sich leicht auf n Massenpunkte und m Bedingungsgleichungen verallgemeinern. Es ist auch hier eine geometrische Darstellung möglich, die der obigen völlig analog ist, nur müssen wir jetzt zum $3n$-dimensionalen Raume übergehen, d. h., wir müssen die die Lage des Systems bestimmenden Koordinaten $(x_1\, y_1\, z_1, \ldots x_\nu\, y_\nu\, z_\nu, \ldots x_n\, y_n\, z_n)$ als die Koordinaten eines Punktes im $3\,n$-dimensionalen Raume ansehen. Dann stellt jede Bedingungsgleichung von der Form $\varphi_\varkappa(x_1 \ldots z_n) = 0$ eine „Hyperfläche" in diesem Raume dar, und wenn m solcher Bedingungsgleichungen vorhanden sind, so bedeutet das, daß der die Lage des Systems darstellende Punkt $(x_1\, y_1\, z_1 \ldots x_n\, y_n\, z_n)$ auf dem gemeinsamen Schnittgebilde dieser m Hyperflächen sich befinden muß. Wir können dann im übrigen genau so vorgehen, ja uns sogar im einzelnen derselben Worte bedienen, wie im vorhergehenden.

Bezeichnen also $\lambda_\varkappa\ (\varkappa = 1, 2 \ldots m)$ die sogenannten „Lagrangeschen Multiplikatoren", so erhalten wir als Gleichgewichtsbedingung:

$$(13) \qquad \sum_\nu^{1,\,n} (X_\nu\, \delta x_\nu + Y_\nu\, \delta y_\nu + Z_\nu\, \delta z_\nu) = 0$$

für solche Verrückungen δx_ν, δy_ν, δz_ν, die den folgenden Gleichungen genügen:

$$(14)\begin{cases} \dfrac{\partial \varphi_1}{\partial x_1}\delta x_1 + \dfrac{\partial \varphi_1}{\partial y_1}\delta y_1 + \dfrac{\partial \varphi_1}{\partial z_1}\delta z_1 + \ldots \dfrac{\partial \varphi_1}{\partial x_n}\delta x_n + \dfrac{\partial \varphi_1}{\partial y_n}\delta y_n + \dfrac{\partial \varphi_1}{\partial z_n}\delta z_n = 0, \\ \dfrac{\partial \varphi_\varkappa}{\partial x_1}\delta x_1 + \qquad\qquad\qquad\qquad + \dfrac{\partial \varphi_\varkappa}{\partial z_n}\delta z_n = 0, \\ \dfrac{\partial \varphi_m}{\partial x_1}\delta x_1 + \qquad\qquad\qquad\qquad + \dfrac{\partial \varphi_m}{\partial z_n}\delta z_n = 0, \end{cases}$$

d. h. kurz gesagt: für alle virtuellen Verrückungen (in dem zuletzt festgesetzten Sinne). Werden die Gleichungen (14) der Reihe nach mit den Faktoren $\lambda_1 \ldots \lambda_m$ erweitert und zu (13) addiert, so folgt die Gleichung:

$$\sum_{\nu}^{1,n}\left[(X_\nu \delta x_\nu + Y_\nu \delta y_\nu + Z_\nu \delta z_\nu) + \right.$$
$$\left.\sum_{\varkappa}^{1,m}\lambda_\varkappa\left(\frac{\partial \varphi_\varkappa}{\partial x_\nu}\delta x_\nu + \frac{\partial \varphi_\varkappa}{\partial y_\nu}\delta y_\nu + \frac{\partial \varphi_\varkappa}{\partial z_\nu}\delta z_\nu\right)\right] = 0,$$

aus der durch die nämliche Schlußweise, die wir an der Gleichung (11) erläutert haben, das folgende System erhalten wird:

$$(15)\qquad \left.\begin{aligned} X_\nu + \sum_{\varkappa}^{1,m}\lambda_\varkappa \frac{\partial \varphi_\varkappa}{\partial x_\nu} &= 0, \\ Y_\nu + \sum_{\varkappa}^{1,m}\lambda_\varkappa \frac{\partial \varphi_\varkappa}{\partial y_\nu} &= 0, \\ Z_\nu + \sum_{\varkappa}^{1,m}\lambda_\varkappa \frac{\partial \varphi_\varkappa}{\partial z_\nu} &= 0, \end{aligned}\right\}(\nu = 1, 2, \ldots n),$$

das zusammen mit den m Bedingungsgleichungen $\varphi_\varkappa = 0 (\varkappa = 1, 2 \ldots m)$ ausreicht, um die $(3n + m)$ Unbekannten $(x_1\, y_1\, z_1, \ldots x_n y_n z_n, \lambda_1 \ldots \lambda_m)$ zu bestimmen. Das Gleichgewicht ist also durch die Formel des Prinzips der virtuellen Verrückungen festgelegt.

Die betrachteten Bedingungsgleichungen $\varphi_\varkappa(x_1 \ldots z_n) = 0$ enthalten die Zeit t nicht explizite, und werden deshalb nach Boltzmann „skleronome“ Gleichungen genannt, zum Unterschiede von Gleichungen der Form $\varphi_\varkappa(x_1 \ldots z_n, t) = 0$, die wegen des expliziten Auftretens der Zeit von Boltzmann „rheonome“ Gleichungen genannt werden. Beide Sorten von Gleichungen haben das gemeinsam, daß sie Beziehungen zwischen den endlichen Größen $x_1 \ldots z_n$ und eventuell der Zeit t darstellen. Es sind aber allgemeinere Formen denkbar, die Beziehungen zwischen den Differentialen $dx_1 \ldots dz_n$ und eventuell dem Zeitdifferential dt repräsentieren:

$$(16)\qquad \sum_{\nu}^{1,n}(a_{\varkappa\nu}\, dx_\nu + b_{\varkappa\nu}\, dy_\nu + c_{\varkappa\nu}\, dz_\nu) = 0, \quad \text{und}$$

$$(17)\qquad \sum_{\nu}^{1,n}(a'_{\varkappa\nu}\, dx_\nu + b'_{\varkappa\nu}\, dy_\nu + c'_{\varkappa\nu}\, dz_\nu) + a'_\varkappa\, dt = 0.$$

Falls diese Gleichungen nicht integrabel sind, d. h. die Koeffizienten a, b, c bzw. a', b', c' nicht die Integrabilitätsbedingungen erfüllen, so lassen sich diese letzteren Gleichungen nicht auf die Form der bisher betrachteten bringen. Man unterscheidet die beiden Formen von Bedingungsgleichungen durch die von H. Hertz stammenden Namen „holonome“ und „nichtholonome“ voneinander. (Die Bezeichnung stammt vom griechischen ὅλος, ganz, und νόμος, Gesetz). Gleichung (16) ist als „nichtholonom-skleronom“, Gleichung (17) „nichtholonom-rheonom“ zu bezeichnen.

Bisher haben wir das Prinzip der virtuellen Verrückungen nur für holonome skleronome Bedingungsgleichungen aufgestellt, und wir werden im folgenden Paragraphen untersuchen, wie es für nichtholonome und rheonome zu formulieren ist. Dies kommt darauf hinaus, festzustellen, was man in diesem Falle unter virtuellen Verrückungen zu verstehen hat.

§ 2.

Das Prinzip der virtuellen Verrückungen für rheonome und nichtholonome Bedingungsgleichungen.

Fragen wir zunächst nach der physikalischen Bedeutung einer holonomen rheonomen Bedingungsgleichung

$$\varphi_\varkappa(x_1\, y_1\, z_1, \ldots x_n\, y_n\, z_n, t) = 0. \tag{18}$$

Sie stellt offenbar für jeden konstanten Wert von t eine „Hyperfläche" im $3n$-dimensionalen Raume dar; lassen wir den Parameter t sich ändern, so erhalten wir eine in diesem Raume sich bewegende Fläche. Ein einfaches Beispiel ist das folgende: Ein Massenpunkt sei gezwungen, auf einer Kugelfläche zu bleiben, deren Mittelpunkt sich mit konstanter Geschwindigkeit c parallel der x-Achse bewegt. Dieses Beispiel werden wir nachher genauer untersuchen. Gilt auch hier das Prinzip der virtuellen Verrückungen in der Form (13)?

Um diese Frage zu beantworten, müssen wir wieder von der Ersetzbarkeit der Bedingungsgleichung durch die Zwangskräfte $\Xi_\nu\, H_\nu\, Z_\nu$ ausgehen. Wir machen wieder die Hypothese, daß die Zwangskraft senkrecht zur Fläche steht, d. h. daß die Ξ_ν, H_ν, Z_ν proportional den Richtungskosinussen der Fläche sind. Für einen Massenpunkt und eine Bedingungsgleichung erhalten wir also in den alten Bezeichnungen:

$$\Xi_\nu = \lambda_\varkappa \frac{\partial \varphi_\varkappa}{\partial x_\nu}, \qquad H_\nu = \lambda_\varkappa \frac{\partial \varphi_\varkappa}{\partial y_\nu}, \qquad Z_\nu = \lambda_\varkappa \frac{\partial \varphi_\varkappa}{\partial z_\nu}.$$

Dann folgt für diesen Fall als Gleichgewichtsbedingung:

$$X_\nu + \lambda_\varkappa \frac{\partial \varphi_\varkappa}{\partial x_\nu} = 0, \qquad Y_\nu + \lambda_\varkappa \frac{\partial \varphi_\varkappa}{\partial y_\nu} = 0, \qquad Z_\nu + \lambda_\varkappa \frac{\partial \varphi_\varkappa}{\partial z_\nu} = 0, \tag{19}$$

genau so wie früher, oder, wenn wir eine völlig beliebige Verrückung $\overline{\delta \mathfrak{s}_\nu}$ mit den unabhängigen Komponenten $\overline{\delta x_\nu}, \overline{\delta y_\nu}, \overline{\delta z_\nu}$ ins Auge fassen:

$$X_\nu \overline{\delta x_\nu} + Y_\nu \overline{\delta y_\nu} + Z_\nu \overline{\delta z_\nu} = -\lambda_\varkappa \left(\frac{\partial \varphi_\varkappa}{\partial x_\nu}\overline{\delta x_\nu} + \frac{\partial \varphi_\varkappa}{\partial y_\nu}\overline{\delta y_\nu} + \frac{\partial \varphi_\varkappa}{\partial z_\nu}\overline{\delta z_\nu}\right). \tag{20}$$

Genau wie früher kommen wir nun zu der alten Form (13) des Prinzips der virtuellen Verrückungen zurück, wenn wir die zulässigen Verrückungen so beschränken, daß sie der Gleichung genügen:

$$\frac{\partial \varphi_\varkappa}{\partial x_\nu}\delta x_\nu + \frac{\partial \varphi_\varkappa}{\partial y_\nu}\delta y_\nu + \frac{\partial \varphi_\varkappa}{\partial z_\nu}\delta z_\nu = 0, \tag{21}$$

wobei wir jetzt wieder die horizontalen Striche fortlassen.

Diese Bedingungsgleichung zwischen den δx_ν, δy_ν, δz_ν entsteht formal auf die Weise, daß man die Bedingungsgleichung $\varphi_\varkappa(x_\nu y_\nu z_\nu t) = 0$ unter Konstanthaltung der Zeit variiert. Wir setzen also fest, daß wir bei rheonomen Bedingungen unter virtuellen Verrückungen solche verstehen, die der Gleichung (21) gehorchen, d. h. der variierten Bedingungsgleichung $\varphi_\varkappa(x_\nu\, y_\nu\, z_\nu\, t) = 0$, wobei die Zeit nicht mitvariiert wird. Dann liefert uns die alte Gleichung

$$X_\nu \delta x_\nu + Y_\nu \delta y_\nu + Z_\nu \delta z_\nu = 0 \tag{22}$$

in Verbindung mit (21) wieder die Gleichgewichtsbedingungen.

Dies Ergebnis verallgemeinert sich von einem Massenpunkte und einer Bedingung sofort in der im ersten Paragraphen angegebenen Weise auf ein System von n Massenpunkten und m Bedingungen, was hier nicht näher ausgeführt zu werden braucht. Für uns genügt es, wenn wir das Ergebnis noch einmal formulieren:

Für holonome Bedingungen, seien sie skleronom oder rheonom, gilt das Prinzip der virtuellen Verrückungen in der Form (13), für alle virtuellen Verschiebungen, die in jedem Falle durch die Gleichungen (14) definiert werden.

Es könnte auf den ersten Blick merkwürdig erscheinen, daß die Zeit nicht mitvariiert werden darf. Denn bei einer wirklichen Verrückung, die ja in der Zeit dt erfolgen würde, wird die Zeit natürlich verändert. Bezeichnen wir die Komponenten einer solchen (in dem einfachen Falle eines Massenpunktes und einer Bedingung) etwa mit dx_ν, dy_ν, dz_ν, so müssen diese natürlich der Gleichung entsprechen:

$$\frac{\partial \varphi_\varkappa}{\partial x_\nu} dx_\nu + \frac{\partial \varphi_\varkappa}{\partial y_\nu} dy_\nu + \frac{\partial \varphi_\varkappa}{\partial z_\nu} dz_\nu + \frac{\partial \varphi_\varkappa}{\partial t} dt = 0, \tag{23}$$

weil sich ja in der Zeit dt die Fläche $\varphi_\varkappa(x_\nu y_\nu z_\nu t) = 0$ entsprechend fortbewegt. Es geht daraus hervor, daß die wirklichen Verrückungen hier nicht unter die virtuellen gehören, während dies bei skleronomen Bedingungen der Fall ist. Die Schwierigkeiten lösen sich übrigens, wenn man bedenkt, daß im Falle rheonomer Bedingungen die partiellen Ableitungen $\frac{\partial \varphi_\varkappa}{\partial x_\nu}, \frac{\partial \varphi_\varkappa}{\partial y_\nu}, \ldots$ die Zeit t im allgemeinen als Parameter enthalten, daß es also keineswegs dieselben Bedingungen sind, denen das System im Falle skleronomer und rheonomer Bedingungen zu gehorchen hat.

Das oben erwähnte Beispiel, in dem nach dem Gleichgewicht eines Punktes gefragt wird, der auf einer Kugelfläche mit dem Radius R um den Punkt $(x_0\, y_0\, z_0)$ bleiben soll, wenn gleichzeitig die Schwere auf ihn wirkt, wird den Sachverhalt noch klarer machen. Sei zunächst die Kugel in Ruhe, also die Bedingung skleronom. Ist die z-Achse vertikal nach oben gerichtet, so sind die expliziten Kräfte

$$X = Y = 0, \quad Z = -mg, \tag{24}$$

ferner lautet die Bedingung:

$$\varphi(x\,y\,z) \equiv (x - x_0)^2 + (y - y_0)^2 + (z - z_0)^2 - R^2 = 0. \tag{25}$$

Die virtuellen Verschiebungen sind also hier der Bedingung unterworfen:

$$(x - x_0)\,\delta x + (y - y_0)\,\delta y + (z - z_0)\,\delta z = 0. \tag{26}$$

Zusammen mit dem in Gleichung (13) formulierten Prinzip der virtuellen Verrückungen liefert das mit einem Faktor λ die Gleichgewichtsgleichungen:

$$\left\{\begin{aligned} 0 + \lambda(x - x_0) &= 0, \\ 0 + \lambda(y - y_0) &= 0, \\ -mg + \lambda(z - z_0) &= 0. \end{aligned}\right. \tag{27}$$

Daraus berechnet sich die Gleichgewichtslage $(\bar{x}\,\bar{y}\,\bar{z})$ folgendermaßen: Aus den beiden ersten Gleichungen (27) folgt:

$$\left\{\begin{aligned} \bar{x} &= x_0, \\ \bar{y} &= y_0; \end{aligned}\right. \tag{28a}$$

damit ferner aus der Bedingungsgleichung (25):

$$\bar{z} - z_0 = \pm R; \tag{28b}$$

d. h. der Punkt ist entweder auf dem höchsten oder auf dem tiefsten Punkte der Kugel in Ruhe, wie es sofort einleuchtend ist. (Im ersten Falle ist natürlich das Gleichgewicht labil, was jedesmal durch eine besondere Untersuchung festzustellen ist.) Mit diesen Werten von $\bar{x}\,\bar{y}\,\bar{z}$ findet man endlich aus der dritten Gleichung (27) für λ den Wert:

$$\lambda = \pm \frac{mg}{R}, \tag{28c}$$

wo das obere oder untere Vorzeichen gilt, je nachdem der Massenpunkt im höchsten oder tiefsten Punkte ruht.

Jetzt möge sich der Kugelmittelpunkt mit der konstanten Geschwindigkeit c längs der positiven x-Achse bewegen. Dann ist die Bedingung rheonom und zwar:

$$\varphi(x, y, z, t) \equiv (x - x_0 - c\,t)^2 + (y - y_0)^2 + (z - z_0)^2 - R^2 = 0: \tag{29}$$

die virtuellen Verrückungen sind nach unseren Festsetzungen hier der Bedingung unterworfen:

$$(x - x_0 - c\,t)\,\delta x + (y - y_0)\,\delta y + (z - z_0)\,\delta z = 0, \tag{30}$$

die, wie man sieht, obwohl die Zeit nicht mitvariiert wurde, doch etwas total anderes aussagt, als die Bedingung (26) im skleronomen Falle. Zusammen mit dem in (13) formulierten Prinzip der virtuellen Verrückungen erhalten wir mit einem Faktor λ hier die Gleichgewichtsgleichungen:

$$
(31) \qquad \begin{cases} 0 + \lambda(x - x_0 - ct) = 0\,, \\ 0 + \lambda(y - y_0) \qquad = 0\,, \\ -mg + \lambda(z - z_0) \qquad = 0\,, \end{cases}
$$

die entsprechend von (27) verschieden sind.

Es folgt in derselben Weise, wie vorher, für die Gleichgewichtslage $(\bar{x}\,\bar{y}\,\bar{z})$ und den Faktor λ:

$$
(32) \qquad \begin{cases} \bar{x} = x_0 + ct\,, \\ \bar{y} = y_0\,, \\ \bar{z} - z_0 = \pm R\,, \\ \lambda = \pm \dfrac{mg}{R}\,, \end{cases}
$$

d. h. der Punkt kann wieder nur im höchsten oder tiefsten Punkte der sich bewegenden Kugel im Gleichgewichte sein.

Gehen wir jetzt zu nichtholonomen (skleronomen oder rheonomen) Bedingungen über. Hier ist es nun leicht zu sehen, daß wieder das Prinzip der virtuellen Verrückungen in der Form (13) gilt, wenn wir die virtuellen Verrückungen folgendermaßen definieren: Sie müssen den Bedingungen gehorchen:

(33) für skleronome Bedingungen: $\sum\limits_{\nu}(a_{\varkappa\nu}\,\delta x_\nu + b_{\varkappa\nu}\,\delta y_\nu + c_{\varkappa\nu}\,\delta z_\nu) = 0\,,$

(34) „ rheonome „ $\sum\limits_{\nu}(a'_{\varkappa\nu}\,\delta x_\nu + b'_{\varkappa\nu}\,\delta y_\nu + c'_{\varkappa\nu}\,\delta z_\nu) = 0\,.$

Diese Gleichungen werden aus den Gleichungen (16) und (17), die die nichtholonomen Bedingungen typisch darstellen, erhalten, indem man das Zeichen „d“ mit „δ“ vertauscht und δt gleich Null nimmt, d. h. die Zeit nicht mitvariiert. Dies folgt nämlich sofort aus dem Umstande, daß wir bei unserer früheren Darlegung die Bedingungsgleichungen gar nicht in ihrer „holonomen“ Form $\varphi_\varkappa(x_1 \ldots z_n, t) = 0$, sondern nur in der variierten Form benutzt haben, in der sie Differentialbeziehungen zwischen den Differentialen bzw. Variationen darstellen; daß bei ihnen die Integrabilitätsbedingungen erfüllt sind, wurde überhaupt nicht benutzt.

Es sei gleich hier bemerkt, daß solche nichtholonome Bedingungen immer auftreten, wenn es sich um das Rollen von Kugeln und dergleichen Körpern auf bestimmten Flächen, z. B. einer Ebene handelt. Bewegt sich die Fläche, auf der die Kugel rollen soll, im Raume, so haben wir gleichzeitig eine nichtholonom-rheonome Bedingung.

Als Endresultat können wir also feststellen:

Es gilt für jede Art von Bedingungen — holonome, anholonome, rheonome, skleronome — das Prinzip der virtuellen Verrückungen in der Form (13), wobei unter virtuellen Verrückungen im allgemeinsten Falle solche zu verstehen sind, die Gleichungen von der Form (34) genügen. Denn die nichtholonomen rheonomen Bedingungsgleichungen (17) reduzieren sich auf skleronome in dem Spezialfalle, daß die Zeit nicht explizite auftritt, und auf holonome, wenn die Integrabilitätsbedingungen erfüllt sind.

§ 3.

Das Prinzip von d'Alembert.

Für ein System von n völlig freien Massenpunkten ($3n$ Freiheitsgraden) lauten die Bewegungsgleichungen nach dem zweiten Newtonschen Axiom bekanntlich:

$$(35)\qquad \left\{\begin{array}{l} X_\nu - m_\nu \ddot{x}_\nu = 0, \\ Y_\nu - m_\nu \ddot{y}_\nu = 0, \\ Z_\nu - m_\nu \ddot{z}_\nu = 0. \end{array}\right. \qquad (\nu = 1, 2 \ldots n).$$

Bezeichnen wir die linken Seiten abkürzend durch X_ν', Y_ν', Z_ν', so können wir diese Gleichungen schreiben:

$$(36)\qquad \left\{\begin{array}{l} X_\nu' = 0, \\ Y_\nu' = 0, \\ Z_\nu' = 0. \end{array}\right. \qquad (\nu = 1, 2 \ldots n).$$

Sie erhalten so dieselbe Gestalt, wie die Gleichungen (1) des Gleichgewichts für ein freies System von n Massenpunkten, wie wir es im § 1 betrachtet haben.

Auf dieser formalen Übereinstimmung der Gleichungen (36) und (1) beruht die fruchtbare Deutung der Bewegungsgleichungen, die man d'Alembert verdankt und die nach ihm den Namen „d'Alembertsches Prinzip" trägt.

Offenbar kann man (36) so formulieren:

„Jeder Massenpunkt, der unter dem Einflusse der expliziten Kräfte $X_\nu Y_\nu Z_\nu$ eine beschleunigte Bewegung ausführt, wird unter dem gemeinsamen Einflusse der Kräfte $X_\nu - m_\nu \ddot{x}_\nu = X_\nu'$, $Y_\nu - m_\nu \ddot{y}_\nu = Y_\nu'$, $Z_\nu - m_\nu \ddot{z}_\nu = Z_\nu'$ ins Gleichgewicht gebracht."

Oder:

„Fügt man den eingeprägten Kräften X_ν, Y_ν, Z_ν die sogenannten d'Alembertschen Trägheitskräfte $-m_\nu \ddot{x}_\nu$, $-m_\nu \ddot{y}_\nu$, $-m_\nu \ddot{z}_\nu$ hinzu, so halten diese Kräfte zusammen, d. h. die Kräfte $X_\nu - m_\nu \ddot{x}_\nu = X_\nu'$, ... den Massenpunkt im Gleichgewicht."

Das d'Alembertsche Prinzip führt also die Aufgaben der Dynamik auf solche des Gleichgewichtes zurück.

Lagrange hat nun in seiner Mécanique analytique den Schritt getan, das d'Alembertsche Prinzip, als dessen einfachsten Ausdruck wir (35) bzw. (36) betrachten können, mit dem Prinzip der virtuellen Verrückungen zu verbinden. In der Tat, multiplizieren wir die $3n$ Gleichungen (36) mit willkürlichen Funktionen δx_ν, δy_ν, δz_ν, und addieren, so folgt:

$$\sum_\nu^{1,n}(X_\nu'\,\delta x_\nu + Y_\nu'\,\delta y_\nu + Z_\nu'\,\delta z_\nu) = 0,$$

oder, nach (35):

$$(37)\qquad \sum_\nu^{1,n}[(X_\nu - m_\nu \ddot{x}_\nu)\,\delta x_\nu + (Y_\nu - m_\nu \ddot{y}_\nu)\,\delta y_\nu + (Z_\nu - m_\nu \ddot{z}_\nu)\,\delta z_\nu] = 0.$$

Speziell diese Gleichung wird in der analytischen Mechanik das d'Alembertsche Prinzip genannt. Diesem Sprachgebrauch werden wir uns hier anschließen und unter dem genannten Prinzip stets die Gleichung (37) verstehen.

Gleichung (37) ist für ein vollkommen freies Massensystem genau äquivalent den Gleichungen (35), eben weil die Größen δx_ν, δy_ν, δz_ν, die wir natürlich wieder als die Komponenten unendlich kleiner Verschiebungen $\delta \mathfrak{s}_\nu$ betrachten, voneinander gänzlich unabhängig sind. Sind jedoch gewisse Bedingungen, etwa $m\,(< 3n)$, vorhanden, die wir hier der Allgemeinheit halber gleich als nichtholonom und rheonom annehmen wollen:

$$(38)\qquad \sum_\nu^{1,n}(a_{\varkappa\nu}'\,dx_\nu + b_{\varkappa\nu}'\,dy_\nu + c_{\varkappa\nu}'\,dz_\nu) + a_\varkappa'\,dt = 0 \quad (\varkappa = 1, 2, \ldots m),$$

so folgt ganz analog, wie in den vorhergehenden Paragraphen, daß Gleichung (37) ihre Gültigkeit behält, wenn wir unter den δx_ν, δy_ν, δz_ν virtuelle Verschiebungen verstehen, d. h. solche Verschiebungen, die den folgenden Bedingungen gehorchen:

$$(39)\qquad \sum_\nu^{1,n}(a_{\varkappa\nu}'\,\delta x_\nu + b_{\varkappa\nu}'\,\delta y_\nu + c_{\varkappa\nu}'\,\delta z_\nu) = 0 \quad (\varkappa = 1, 2, \ldots m).$$

Aus der Gleichung (37) des d'Alembertschen Prinzips und den m Gleichungen (38) erhält man mit Hilfe von m Lagrangeschen Multiplikatoren $\lambda_1, \ldots \lambda_m$ durch Zusammenfassung die Gleichung:

$$(40)\left\{\begin{aligned} &\sum_\nu^{1,n}\Big[\Big(X_\nu - m_\nu\ddot{x}_\nu + \sum_\varkappa^{1,m}\lambda_\varkappa\, a_{\varkappa\nu}'\Big)\delta x_\nu + \Big(Y_\nu - m_\nu\ddot{y}_\nu + \sum_\varkappa^{1,m}\lambda_\varkappa\, b_{\varkappa\nu}'\Big)\delta y_\nu + \\ &\qquad\qquad \Big(Z_\nu - m_\nu\ddot{z}_\nu + \sum_\varkappa\lambda_\varkappa\, c_{\varkappa\nu}'\Big)\delta z_\nu\Big] = 0, \end{aligned}\right.$$

woraus sich, genau wie aus Gleichung (12) im § 1, das folgende System der „Lagrangeschen Bewegungsgleichungen erster Art" ergibt:

$$(41)\qquad \left\{\begin{aligned} X_\nu - m_\nu\ddot{x}_\nu + \sum_\varkappa^{1,m}\lambda_\varkappa\, a_{\varkappa\nu}' &= 0, \\ Y_\nu - m_\nu\ddot{y}_\nu + \sum_\varkappa\lambda_\varkappa\, b_{\varkappa\nu}' &= 0, \\ Z_\nu - m_\nu\ddot{z}_\nu + \sum_\varkappa\lambda_\varkappa\, c_{\varkappa\nu}' &= 0. \end{aligned}\right.$$

Diese $3n$ Gleichungen reichen zusammen mit den m Gleichungen (38) aus, um die $(3n + m)$ Unbekannten $x_1\, y_1\, z_1 \ldots x_n\, y_n\, z_n,\ \lambda_1\, \lambda_2 \ldots \lambda_m$ zu bestimmen.

Die virtuellen Verrückungen bestimmen sich also hier, wie nochmals betont sei, in derselben Weise, wie beim Prinzip der virtuellen Verrückungen; insbesondere wird bei rheonomen Bedingungen die Zeit nicht mitvariiert, wie man es z. B. beim Übergang von (38) zu (39) sieht.

Die Gleichungen (41) umfassen natürlich auch den Fall skleronomer und holonomer Bedingungen. Sind die Bedingungen zunächst skleronom, so enthalten die Koeffizienten $a_{\varkappa\nu}',\ b_{\varkappa\nu}',\ c_{\varkappa\nu}'$ die Zeit nicht explizite, was wir, gemäß unserer früheren Bezeichnung, durch Fortlassen der Striche andeuten wollen. Sind die Gleichungen außerdem noch holonom, so sind die Koeffizienten $a_{\varkappa\nu},\ b_{\varkappa\nu},\ c_{\varkappa\nu}$ bzw. gleich den partiellen Ableitungen $\frac{\partial \varphi_\varkappa}{\partial x_\nu},\ \frac{\partial \varphi_\varkappa}{\partial y_\nu},\ \frac{\partial \varphi_\varkappa}{\partial z_\nu}$ gewisser Funktionen $\varphi_\varkappa$.

§ 4.

Das Energieprinzip bei skleronomen und rheonomen Bedingungsgleichungen.

Hier ist der Ort, um festzustellen, unter welchen Umständen das Energieprinzip in den Bewegungsgleichungen der Mechanik (41) enthalten ist. Es wird sich zeigen, daß dies nur dann der Fall ist, wenn die Bedingungsgleichungen skleronom sind, d. h. die Zeit nicht explizit enthalten, während Holonomität oder Nichtholonomität dabei gleichgültig ist.

Nehmen wir den allgemeinsten Fall nichtholonomer-rheonomer Bedingungen, für den in (41) die Bewegungsgleichungen aufgestellt sind. Es mögen also etwa m Bedingungsgleichungen von der Form (38) bestehen:

$$\sum_\nu^{1,n}(a_{\varkappa\nu}'\, dx_\nu + b_{\varkappa\nu}'\, dy_\nu + c_{\varkappa\nu}'\, dz_\nu) + a_\varkappa'\, dt = 0 \quad (\varkappa = 1, \ldots m),$$

aus denen durch Division mit dt die folgenden Relationen für die Geschwindigkeitskomponenten $\dot x_\nu,\ \dot y_\nu,\ \dot z_\nu$ hervorgehen:

$$\sum_\nu^{1,n}(a_{\varkappa\nu}'\, \dot x_\nu + b_{\varkappa\nu}'\, \dot y_\nu + c_{\varkappa\nu}'\, \dot z_\nu) + a_\varkappa' = 0 \quad (\varkappa = 1, \ldots m). \tag{42}$$

Erweitern wir die Bewegungsgleichungen (41) der Reihe nach mit den Geschwindigkeitskomponenten $\dot x_\nu,\ \dot y_\nu,\ \dot z_\nu$, addieren und ordnen geeignet, so erhalten wir:

$$(43)\quad \left\{\begin{aligned} &\sum_\nu^{1,n}(X_\nu \dot x_\nu + Y_\nu \dot y_\nu + Z_\nu \dot z_\nu) - \sum_\nu^{1,n} m_\nu (\ddot x_\nu \dot x_\nu + \ddot y_\nu \dot y_\nu + \ddot z_\nu \dot z_\nu) + \\ &\qquad \sum_\nu^{1,n}\left\{\sum_\varkappa^{1,m} \lambda_\varkappa (a_{\varkappa\nu}'\, \dot x_\nu + b_{\varkappa\nu}'\, \dot y_\nu + c_{\varkappa\nu}'\, \dot z_\nu)\right\} = 0. \end{aligned}\right.$$

In dieser Gleichung besitzen die einzelnen Summanden einfache Bedeutungen. Die erste Summe stellt die von den eingeprägten Kräften X_ν, Y_ν, Z_ν pro Zeiteinheit geleistete Arbeit dar; wir wollen sie mit $\frac{d'A}{dt}$ bezeichnen. Das Differentialzeichen ist mit einem Strich versehen, um anzudeuten, daß $d'A$ nicht notwendig ein exaktes Differential einer reinen Koordinatenfunktion zu sein braucht, was nur in speziellen Fällen — allerdings sehr wichtigen — eintritt. Der zweite Summand kann geschrieben werden:

$$(44)\qquad \sum_\nu^{1,n} m_\nu(\dot{x}_\nu \ddot{x}_\nu + \ldots) = \frac{d}{dt}\sum_\nu^{1,n} \frac{1}{2} m_\nu(\dot{x}_\nu^2 + \dot{y}_\nu^2 + \dot{z}_\nu^2) = \frac{d}{dt}\sum_\nu^{1,n} L_\nu = \frac{dL}{dt}.$$

L_ν bedeutet die kinetische Energie des ν^{ten} Massenteilchens, $\sum L_\nu = L$ diejenige des gesamten Systems. Endlich kann die dritte Summe auf Grund der Gleichungen (42) so geschrieben werden:

$$(45)\qquad \sum_\nu^{1,n}\left\{\sum_\varkappa^{1,m} \lambda_\varkappa (a'_{\varkappa\nu}\dot{x}_\nu + b'_{\varkappa\nu}\dot{y}_\nu + c'_{\varkappa\nu}\dot{z})\right\} = -\sum_\varkappa^{1,m} \lambda_\varkappa a'_\varkappa.$$

Mit (44) und (45) wird aus Gleichung (43) die folgende:

$$(46)\qquad \frac{dL}{dt} = \frac{d'A}{dt} - \sum_\varkappa^{1,m} \lambda_\varkappa a'_\varkappa,$$

während das Energieprinzip bekanntlich fordert, daß die zeitliche Änderung der kinetischen Energie $\frac{dL}{dt}$ gleich der in der Zeiteinheit geleisteten Arbeit $\frac{d'A}{dt}$ sein soll.

Wir sehen also, daß im Falle rheonomer Bedingungen, die ja gerade durch das Auftreten der Koeffizienten $a'_\varkappa$ charakterisiert sind, das Energieprinzip nicht gilt, und zwar gleichgültig, ob die rheonome Bedingung holonom oder nichtholonom ist. Denn nehmen wir an, die Bedingung (42) lasse sich (wegen der Gültigkeit der Integrabilitätsbedingungen) in eine holonome überführen, so würde ja gelten:

$$a'_{\varkappa\nu} = \frac{\partial \varphi_\varkappa}{\partial x_\nu}, \quad b'_{\varkappa\nu} = \frac{\partial \varphi_\varkappa}{\partial y_\nu}, \quad c'_{\varkappa\nu} = \frac{\partial \varphi_\varkappa}{\partial z_\nu}, \quad a'_\varkappa = \frac{\partial \varphi_\varkappa}{\partial t},$$

und Gleichung (46) würde übergehen in:

$$(46\,a)\qquad \frac{dL}{dt} = \frac{d'A}{dt} - \sum_\varkappa^{1,m} \lambda_\varkappa \frac{\partial \varphi_\varkappa}{\partial t},$$

womit obige Behauptung bewiesen ist.

Sind dagegen die Bedingungen skleronom, d. h. verschwinden die Koeffizienten $a_\varkappa'$ (bzw. sind bei holonomen die $\frac{\partial \varphi_\varkappa}{\partial t} = 0$), so folgt in der Tat das Energieprinzip:

$$\frac{dL}{dt} = \frac{d'A}{dt}. \tag{47}$$

Das Energieprinzip gilt daher nur bei skleronomen (holonomen oder nichtholonomen) Bedingungsgleichungen.

In besonderen Fällen können die Kräfte als negative partielle Ableitungen einer einzigen Funktion Φ der Koordinaten $x_1\, y_1\, z_1 \ldots x_n\, y_n\, z_n$ dargestellt werden:

$$X_\nu = -\frac{\partial \Phi}{\partial x_\nu}, \quad Y_\nu = -\frac{\partial \Phi}{\partial y_\nu}, \quad Z_\nu = -\frac{\partial \Phi}{\partial z_\nu} \quad (\nu = 1, 2, \ldots n), \tag{48}$$

und es geht dann der Ausdruck

$$\frac{d'A}{dt} = \sum_\nu^{1, n} X_\nu \dot{x}_\nu + Y_\nu \dot{y}_\nu + Z_\nu \dot{z}_\nu)$$

über in:

$$\frac{d'A}{dt} = -\sum_\nu^{1, n} \left(\frac{\partial \Phi}{\partial x_\nu} \dot{x}_\nu + \frac{\partial \Phi}{\partial y_\nu} \dot{y}_\nu + \frac{\partial \Phi}{\partial z_\nu} \dot{z}_\nu \right) = -\frac{d\Phi}{dt}, \tag{49}$$

womit dann das Energieprinzip (47) die einfache Gestalt annimmt:

$$\begin{cases} \frac{d}{dt}(L + \Phi) = 0, & \text{oder:} \\ L + \Phi = h, \end{cases} \tag{50}$$

wo h eine Konstante bedeutet. Φ nennt man die potentielle, $h = L + \Phi$ die Gesamtenergie.

In diesem letzteren Falle, d. h. wenn eine potentielle Energie Φ existiert, wollen wir die Gleichung (50) als „Energieintegral" bezeichnen, was wir als engere Form des Energiesatzes von seiner weiteren (47) unterscheiden wollen.

Das hier gewonnene Ergebnis über die Nichtgültigkeit des Energieprinzips bei rheonomen Bedingungen ist u. a. von Wichtigkeit bei der Untersuchung des Prinzips der kleinsten Aktion (§ 12).

§ 5.

Wirkliche, Übergangs- und variierte Bewegung.

Die fundamentalen Unterschiede zwischen holonomen und nichtholonomen Bedingungen machen sich noch in anderer Weise bemerkbar, zu deren Auseinandersetzung wir jetzt übergehen wollen.

Wir betrachten zunächst die wirkliche Bewegung eines Massenpunktes (alles Wesentliche tritt schon klar hervor, wenn wir uns auf dieses einfachste System beschränken; übrigens können wir durch Übergang zum $3n$-dimensionalen Raume das hier Gesagte wörtlich auf ein System von n Massenpunkten übertragen), die wir uns etwa in der Form dargestellt denken können:

$$\left\{\begin{array}{l} x_\nu = x_\nu(t), \\ y_\nu = y_\nu(t), \\ z_\nu = z_\nu(t). \end{array}\right. \tag{51}$$

Durch die virtuellen Verschiebungen δx_ν, δy_ν, δz_ν, die jedem Punkte bei konstanter Zeit erteilt werden, ordnen wir jedem Punkte $x_\nu\, y_\nu\, z_\nu$ der wirklichen Bahn zur Zeit t einen anderen benachbarten Punkt $(x_\nu + \delta x_\nu$, $y_\nu + \delta y_\nu$, $z_\nu + \delta z_\nu)$, ebenfalls zur Zeit t zu. Die Gesamtheit dieser letzteren

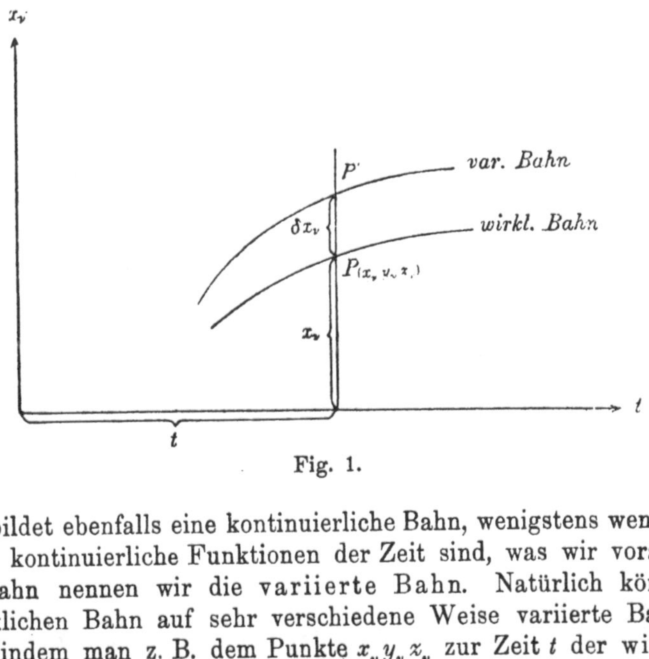

Fig. 1.

Punkte bildet ebenfalls eine kontinuierliche Bahn, wenigstens wenn die δx_ν, δy_ν, δz_ν kontinuierliche Funktionen der Zeit sind, was wir voraussetzen. Diese Bahn nennen wir die variierte Bahn. Natürlich könnte man der wirklichen Bahn auf sehr verschiedene Weise variierte Bahnen zuordnen, indem man z. B. dem Punkte $x_\nu y_\nu z_\nu$ zur Zeit t der wirklichen Bahn den Punkt $(x_\nu + \Delta x_\nu$, $y_\nu + \Delta y_\nu$, $z_\nu + \Delta z_\nu)$ zur Zeit $t + \Delta t$ der variierten Bahn entsprechen läßt. Die Verrückungen Δx_ν, Δy_ν, Δz_ν würden dann aber i. A. keine virtuellen Verrückungen sein, weshalb sie soeben auch nicht mit dem Symbol δ bezeichnet wurden; wir aber haben es nur mit virtuellen Verrückungen zu tun, und deshalb soll bei unserer Betrachtung die variierte Bahn auf die zuerst angegebene Weise aus der wirklichen Bahn hervorgehen.

Wir können dies graphisch etwa in der Weise zum Ausdruck bringen, daß wir nur die $x_\nu t$-Ebene betrachten (Fig. 1); wir erhalten dann natürlich nur die Projektion der wirklichen und variierten Bahn auf die x-Achse.

Es ist also einem Punkte P der wirklichen Bahn, wie die Figur zeigt, ein Punkt P' zuzuordnen, der demselben Zeitwert t entspricht; $\overline{PP'}$ nennen wir die Übergangsbahn; die Komponenten von $\overline{PP'}$ sind $\delta x_\nu, \delta y_\nu, \delta z_\nu$.

Es liege jetzt eine holonome Bedingung vor, die wir zunächst der Einfachheit halber auch als skleronom annehmen wollen:

$$\varphi(x_\nu y_\nu z_\nu) = c_1, \tag{52}$$

wobei die Konstante c_1 natürlich auch den Wert 0 haben kann, aber nicht zu haben braucht. Der Deutlichkeit halber ziehen wir es vor, den Wert der Konstanten unbestimmt mitzuführen.

Es handelt sich nun darum, welchen Bedingungen die wirkliche, die Übergangsbahn und die variierte Bahn zu unterwerfen sind.

Bei der wirklichen Bahn muß nach dem gestellten Problem die Gleichung (52) für jede Lage des materiellen Punktes auf ihr erfüllt sein, z. B. sowohl für den Punkt $(x_\nu y_\nu z_\nu)$, als auch für seinen Nachbarpunkt $(x_\nu + dx_\nu,\ y_\nu + dy_\nu,\ z_\nu + dz_\nu)$, (den er, worauf es aber hier nicht ankommt, zur Zeit $t + dt$ einnimmt). Es gilt also neben (52) für den Nachbarpunkt die Gleichung:

$$\varphi(x_\nu + dx_\nu,\ y_\nu + dy_\nu,\ z_\nu + dz_\nu) = c_1,$$

oder:

$$\varphi(x_\nu y_\nu z_\nu) + \frac{\partial\varphi}{\partial x_\nu} dx_\nu + \frac{\partial\varphi}{\partial y_\nu} dy_\nu + \frac{\partial\varphi}{\partial z_\nu} dz_\nu = c_1,$$

oder, nach Subtraktion der Gleichung (52):

$$\frac{\partial\varphi}{\partial x_\nu} dx_\nu + \frac{\partial\varphi}{\partial y_\nu} dy_\nu + \frac{\partial\varphi}{\partial z_\nu} dz_\nu \equiv d\varphi = 0. \tag{53}$$

Die Komponenten der wirklichen Verschiebung dx_ν, dy_ν, dz_ν gehorchen also der Relation (53), die eben aussagt, daß der Wert c_1 von φ sich bei der wirklichen Bewegung nicht ändert.

Wie ist es mit der Übergangsbewegung?

Während dieser, die ja, dem d'Alembertschen Prinzip zufolge, durch virtuelle Verschiebungen δx_ν, δy_ν, δz_ν hervorgebracht wird, haben letztere, wie früher ausgeführt, der Gleichung zu gehorchen:

$$\frac{\partial\varphi}{\partial x_\nu} \delta x_\nu + \frac{\partial\varphi}{\partial y_\nu} \delta y_\nu + \frac{\partial\varphi}{\partial z_\nu} \delta z_\nu \equiv \delta\varphi = 0, \tag{54}$$

d. h. auch während der Übergangsbewegung ist die Änderung des Wertes c_1 von φ gleich Null, d. h. auch die Übergangsbewegung gehorcht der Bedingungsgleichung (52).

Daraus folgt nun sofort eine Aussage über das Verhalten der variierten Bahn.

Im Punkte P der wirklichen Bahn hat φ den Wert c_1; während der Übergangsbewegung, die nach dem Punkte P' führt, ändert sich φ nicht ($\delta\varphi = 0$); also kommt auch dem Punkte P' der variierten Bahn derselbe Wert $\varphi = c_1$ zu; d. h. auch die variierte Bahn gehorcht unter unsern Voraussetzungen der Bedingung (52).

Wir haben damit folgendes Ergebnis erzielt:

Bei holonomen Bedingungen gehorchen die wirkliche, die Übergangs- und die variierte Bahn den Bedingungsgleichungen.

Das gilt auch, wie wir bei der obigen Formulierung schon vorweg genommen haben, wenn die holonomen Bedingungsgleichungen rheonom sind; denn bei der Übergangsbewegung ist t als konstanter Parameter zu behandeln.

Wir haben im obigen vom Verhalten der wirklichen und der Übergangsbahn auf die variierte Bahn geschlossen. Würden wir von vornherein verlangt haben, daß neben der wirklichen Bahn auch die variierte Bahn den holonomen Bedingungen genügt, so hätten wir auf dieselbe Weise schließen können, daß dann auch die Übergangsbahn es tun muß, d. h. daß die dieselbe konstituierenden Verrückungen δx_ν, δy_ν, δz_ν virtuelle sind.

Diese Verhältnisse ändern sich, wenn wir nun zu nichtholonomen Gleichungen übergehen.

Es sei also jetzt eine nichtholonome (skleronome) Bedingung gegeben:

$$d'\varphi \equiv a_{\varkappa\nu}\, d x_\nu + b_{\varkappa\nu}\, d y_\nu + c_{\varkappa\nu}\, d z_\nu = 0\,, \tag{55}$$

wo die $a_{\varkappa\nu}$ Funktionen von $x_\nu y_\nu z_\nu$ sind, die die Integrabilitätsbedingungen nicht erfüllen. Die linke Seite der Bedingung haben wir durch $d'\varphi$ bezeichnet, wobei der Strich am Differentialzeichen andeutet, daß es sich nicht um das exakte Differential einer Funktion φ handelt.

Wir werden jetzt einmal die Bedingungen dafür aufstellen, daß die Übergangsbewegung der Bedingung (55) gehorcht, d. h. daß die Verrückungen virtuelle sind; daraus folgte vorher bei holonomen Bedingungen, daß auch die variierte Bahn den Bedingungsgleichungen gehorcht. Zweitens werden wir die Bedingung dafür formulieren, daß die variierte Bewegung der Gleichung (55) gehorcht, und zusehen, ob diese beiden Bestimmungen auch jetzt miteinander verträglich sind.[1]

Stellen wir zuerst die Gleichungen auf, die auf der Übergangsbahn zu gelten haben!

Die virtuellen Verrückungen δx_ν, δy_ν, δz_ν, die diese Bewegung charakterisieren, haben der Bedingung zu gehorchen, die sich aus (55) ergibt, wenn wir d mit δ vertauschen, d. h. der Gleichung:

$$\delta'\varphi \equiv a_{\varkappa\nu}\, \delta x_\nu + b_{\varkappa\nu}\, \delta y_\nu + c_{\varkappa\nu}\, \delta z_\nu = 0\,, \tag{56}$$

deren linke Seite wir sinngemäß durch $\delta'\varphi$ bezeichnen. Diese Gleichung gilt nun sowohl, wenn wir vom Punkte $(x_\nu y_\nu z_\nu)$ der wirklichen Bahn aus

[1] Vgl. hierzu O. Hölder, Über die Prinzipien von Hamilton und Maupertuis, Sitz.-Ber. d. Ges. d. Wiss. zu Göttingen, 1896; S. 122ff.

den Übergang zur variierten Bahn vollziehen, als auch, wenn wir dies vom Nachbarpunkte $(x_\nu + dx_\nu, y_\nu + dy_\nu, z_\nu + dz_\nu)$ der wirklichen Bahn aus tun, d. h. es gilt neben (56), d. h. neben $\delta'\varphi(x_\nu y_\nu z_\nu) = 0$, auch:

$$\delta'\varphi(x_\nu + dx_\nu, y_\nu + dy_\nu, z_\nu + dz_\nu) = 0,$$

oder, durch Entwicklung nach Taylor und Subtraktion der Gleichung (56):

$$(57)\qquad d(\delta'\varphi) \equiv d(a_{\varkappa\nu}\delta x_\nu + b_{\varkappa\nu}\delta y_\nu + c_{\varkappa\nu}\delta z_\nu) = 0.$$

Merken wir hier gleich den Spezialfall an, der für eine holonome Bedingungsgleichung aus (57) hervorgeht:

$$(57\text{a})\qquad d(\delta\varphi) \equiv d\left(\frac{\partial\varphi}{\partial x_\nu}\delta x_\nu + \frac{\partial\varphi}{\partial y_\nu}\delta y_\nu + \frac{\partial\varphi}{\partial z_\nu}\delta z_\nu\right) = 0.$$

(57) ist die Bedingung, die sich aus der Forderung ergibt, daß die Übergangsbewegung der vorgeschriebenen Gleichung gehorchen soll.

Jetzt formulieren wir die andere Forderung, daß die variierte Bahn dies tue. Das heißt aber doch offenbar, daß, während für die wirkliche Bewegung die Gleichung $d'\varphi(x_\nu, y_\nu, z_\nu) = 0$ erfüllt ist, für die variierten Koordinaten $(x_\nu + \delta x_\nu, y_\nu + \delta y_\nu, z_\nu + \delta z_\nu)$ dieselbe Gleichung gelten soll, also:

$$d'\varphi(x_\nu + \delta x_\nu, y_\nu + \delta y_\nu, z_\nu + \delta z_\nu) = 0,$$

oder, durch Entwicklung nach Taylor und Subtraktion der Gleichung (55):

$$(58)\qquad \delta(d'\varphi) \equiv \delta(a_{\varkappa\nu}dx_\nu + b_{\varkappa\nu}dy_\nu + c_{\varkappa\nu}dz_\nu) = 0,$$

die für eine holonome Bedingung sich wieder spezialisiert zu:

$$(58\text{a})\qquad \delta(d\varphi) \equiv \delta\left(\frac{\partial\varphi}{\partial x_\nu}dx_\nu + \frac{\partial\varphi}{\partial y_\nu}dy_\nu + \frac{\partial\varphi}{\partial z_\nu}dz_\nu\right) = 0.$$

Es fragt sich jetzt, ob die so erhaltenen zwei Bedingungen — die, wie wir schon wissen, im Falle der Holonomität identisch sind, was sich auch gleich wieder zeigen wird — bei nichtholonomen Gleichungen miteinander verträglich sind.

Durch Ausführung der in (57) angedeuteten Differentiationen folgt:

$$(59)\qquad \begin{cases} \left(\frac{\partial a_{\varkappa\nu}}{\partial x_\nu}dx_\nu + \dots\right)\delta x_\nu + \left(\frac{\partial b_{\varkappa\nu}}{\partial x_\nu}dx_\nu + \dots\right)\delta y_\nu + \\ \left(\frac{\partial c_{\varkappa\nu}}{\partial x_\nu}dx_\nu + \dots\right)\delta z_\nu + (a_{\varkappa\nu}d\delta x_\nu + \dots) = 0 \end{cases}$$

und aus (58) ebenso:

$$(60)\qquad \begin{cases} \left(\frac{\partial a_{\varkappa\nu}}{\partial x_\nu}\delta x_\nu + \dots\right)dx_\nu + \left(\frac{\partial b_{\varkappa\nu}}{\partial x_\nu}\delta x_\nu + \dots\right)dy_\nu + \\ \left(\frac{\partial c_{\varkappa\nu}}{\partial x_\nu}\delta x_\nu + \dots\right)dz_\nu + (a_{\varkappa\nu}d\delta x_\nu + \dots) = 0. \end{cases}$$

Durch Subtraktion ergibt sich daraus folgende Relation, die im Falle der Verträglichkeit beider Gleichungen (57) und (58) bestehen muß:

$$(61)\quad \begin{cases} \left\{\frac{\partial a_{\varkappa\nu}}{\partial y_\nu} - \frac{\partial b_{\varkappa\nu}}{\partial x_\nu}\right\}(dy_\nu\,\delta x_\nu - dx_\nu\,\delta y_\nu) + \left\{\frac{\partial b_{\varkappa\nu}}{\partial z_\nu} - \frac{\partial c_{\varkappa\nu}}{\partial y_\nu}\right\}(dz_\nu\,\delta y_\nu - dy_\nu\,\delta z_\nu) \\ \qquad + \left\{\frac{\partial c_{\varkappa\nu}}{\partial x_\nu} - \frac{\partial a_{\varkappa\nu}}{\partial z_\nu}\right\}(dx_\nu\,\delta z_\nu - dz_\nu\,\delta x_\nu) = 0. \end{cases}$$

Anderseits folgt aus (55) und (56) folgende Proportion:

$$(62)\quad a_{\varkappa\nu} : b_{\varkappa\nu} : c_{\varkappa\nu} = (dz_\nu\,\delta y_\nu - dy_\nu\,\delta z_\nu) : (dx_\nu\,\delta z_\nu - dz_\nu\,\delta x_\nu) : (dy_\nu\,\delta x_\nu - dx_\nu\,\delta y_\nu),$$

oder, unter Zuhilfenahme eines Proportionalitätsfaktors A:

$$(63)\quad \begin{aligned} a_{\varkappa\nu} &= A.(dz_\nu\,\delta y_\nu - dy_\nu\,\delta z_\nu), \\ b_{\varkappa\nu} &= A.(dx_\nu\,\delta z_\nu - dz_\nu\,\delta x_\nu), \\ c_{\varkappa\nu} &= A.(dy_\nu\,\delta x_\nu - dx_\nu\,\delta y_\nu), \end{aligned}$$

womit (61) geschrieben werden kann:

$$(64)\quad \left\{\frac{\partial a_{\varkappa\nu}}{\partial y_\nu} - \frac{\partial b_{\varkappa\nu}}{\partial x_\nu}\right\} c_{\varkappa\nu} + \left\{\frac{\partial b_{\varkappa\nu}}{\partial z_\nu} - \frac{\partial c_{\varkappa\nu}}{\partial y_\nu}\right\} a_{\varkappa\nu} + \left\{\frac{\partial c_{\varkappa\nu}}{\partial x_\nu} - \frac{\partial a_{\varkappa\nu}}{\partial z_\nu}\right\} b_{\varkappa\nu} = 0.$$

Für eine holonome Bedingungsgleichung spezialisiert sich diese Relation:

$$(64\text{a})\quad \left\{\frac{\partial^2 \varphi}{\partial x_\nu\,\partial y_\nu} - \frac{\partial^2 \varphi}{\partial y_\nu\,\partial x_\nu}\right\}\frac{\partial \varphi}{\partial z_\nu} + \left\{\quad\right\}\frac{\partial \varphi}{\partial x_\nu} + \left\{\quad\right\}\frac{\partial \varphi}{\partial y_\nu} = 0,$$

und man sieht, daß diese stets identisch erfüllt ist, d. h. im Falle holonomer Bedingungen sind die Forderungen, daß einerseits die variierte Bahn und anderseits die Übergangsbahn den Bedingungen der Bewegung genügen, identisch miteinander, wie wir bereits wissen, da die eine Forderung die andere zwangsläufig nach sich zieht.

Im allgemeinen jedoch ist (64) nicht erfüllbar, da die Koeffizienten $a_{\varkappa\nu}$, $b_{\varkappa\nu}$, $c_{\varkappa\nu}$ nicht gleichzeitig verschwinden, und ebenso wegen der Nichtholonomität die in geschweiften Klammern stehenden Ausdrücke nicht gleichzeitig Null sein können. Denn das Verschwinden dieser Größen hieße ja, daß, entgegen der Voraussetzung der Nichtholonomität, die Integrabilitätsbedingungen erfüllt wären.

Es ergibt sich also das Resultat:

Bei nichtholonomen Bedingungsgleichungen erfüllen zwar die wirkliche und die Übergangsbewegung die Bedingungsgleichungen, nicht dagegen im allgemeinen die variierte Bahn.

Da anderseits die mechanischen Prinzipien, z. B. das d'Alembertsche Prinzip, fordern, daß die Übergangsbewegung durch virtuelle Verrückungen konstituiert wird, also die Übergangsbewegung stets die Bedingungsgleichungen erfüllen muß, so würde man, wenn man bei diesem Prinzip die Verrückungen $\overline{\delta x_\nu}$, $\overline{\delta y_\nu}$, $\overline{\delta z_\nu}$ so bestimmen wollte, daß die variierte Bahn die Bedingungen der Bewegung erfüllt, i. A. zu falschen Bewegungsgleichungen kommen. Nur im Falle holonomer Bedingungen sind beide Bestimmungen gleichwertig. Dieser Unterschied ist nicht immer klar betont worden, z. B. hat Hertz[1] dagegen in einem bekannten Beispiel in seiner Mechanik verstoßen.

An diesem Hertzschen Beispiele mag der Sachverhalt noch einmal erläutert werden. Eine Kugel soll unter Wirkung beliebiger Kräfte auf einer horizontalen Ebene rollen, ohne zu gleiten. Die Bedingungsgleichungen der Aufgabe, die dieses Rollen ohne Gleiten zum Ausdruck zu bringen haben, sind, wie wir schon früher erwähnt haben, nichtholonom. Zwei benachbarte Punkte $(x_\nu y_\nu z_\nu)$ und $(x_\nu + dx_\nu,\ y_\nu + dy_\nu,\ z_\nu + dz_\nu)$ der wirklichen Bewegung gehen natürlich durch reines Rollen auseinander hervor.

Die mechanischen Prinzipien erfordern weiter, daß sowohl die vom Punkte $(x_\nu y_\nu z_\nu)$ als die vom Punkte $(x_\nu + dx_\nu,\ y_\nu + dy_\nu,\ z_\nu + dz_\nu)$ ausgehende Übergangsbewegung durch reines Rollen in die bezüglichen Endlagen $(x_\nu + \delta x_\nu,\ y_\nu + \delta y_\nu,\ z_\nu + \delta z_\nu)$ und $(x_\nu + \delta x_\nu + d(x_\nu + \delta x_\nu) \ldots)$ führen soll, d. h. daß die Verrückungen virtuell sind. Wird dies so gemacht, so gehen die erhaltenen Punkte $(x_\nu + \delta x_\nu,\ y_\nu + \delta y_\nu,\ z_\nu + \delta z_\nu)$ und $(x_\nu + \delta x_\nu + dx_\nu + d\delta x_\nu,\ y_\nu + \delta y_\nu + dy_\nu + d\delta y_\nu \ldots)$ der variierten Bahn auseinander nicht mehr durch reines Rollen hervor, sondern es tritt notwendig Gleiten ein.

Hölder[2] hat dieses Beispiel ausführlich durchgerechnet und den wirklichen Sachverhalt erläutert.

§ 6.

Allgemeinere Variation (Variation der Zeit).

Wir haben bereits gelegentlich im vorhergehenden Paragraphen bemerkt, daß man auf allgemeinere Art, als durch virtuelle Verrückungen δx_ν, δy_ν, δz_ν, d. h. bei konstanter Zeit, von der wahren Bahn zu einer benachbarten variierten Bahn übergehen kann. Jetzt wollen wir diese allgemeinere Art genauer betrachten. Wir ordnen also einem, wie wir kurz sagen können, Raum-Zeit-Punkte (x_ν, y_ν, z_ν, t) der wirklichen Bahn den Raumzeitpunkt $(x_\nu + \Delta x_\nu, \ldots, t + \Delta t)$ zu. Die Gesamtheit dieser letzteren Punkte bildet die variierte Bahn bei unserer neuen Variationsvorschrift, für die wir das Zeichen Δ ausdrücklich reservieren wollen. Wir wollen uns die Zuordnung der beiden Bahnen in diesem Falle auch wieder graphisch klar machen, indem wir die Verhältnisse in der $x_\nu t$-Ebene untersuchen, d. h. die Projektion der Bahnen auf die x-Achse betrachten.

In der Fig. 2 bedeute Punkt 1 den Punkt der wahren Bahn mit den Koordinaten x_ν, y_ν, z_ν, zur Zeit t. Bisher gingen wir von 1 zu einem Punkte 2 (bei demselben t-Werte, d. h. vermittelst der Operation δ) über, der die Koordinaten $x_\nu + \delta x_\nu$, $y_\nu + \delta y_\nu$, $z_\nu + \delta z_\nu$ hat. Die Strecke (1, 2)

---

[1] Vgl. weiter unten S. 33.

[2] Hölder, loc. cit.

ist demgemäß gleich δx_ν. Nun aber wollen wir dem Punkte 1 den Punkt 4 zuordnen, dem die Zeit $t + \Delta t$ und die Koordinaten $x_\nu + \Delta x_\nu$, $y_\nu + \Delta y_\nu$, $z_\nu + \Delta z_\nu$ zukommen.

Außerdem ist noch in der Figur auf der wahren Bahn der Punkt 3 gekennzeichnet, der von dem materiellen Punkte zur Zeit $t + \Delta t$ er-

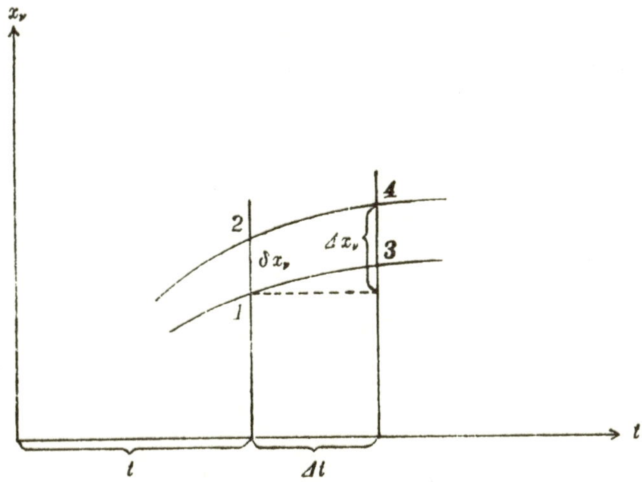

Fig. 2.

reicht wird. Bezeichnen wir die Geschwindigkeitskomponenten desselben mit $\dot{x}_\nu$, $\dot{y}_\nu$, $\dot{z}_\nu$, so hat Punkt 3 die Koordinaten $x_\nu + \dot{x}_\nu \Delta t$, $y_\nu + \dot{y}_\nu \Delta t$, $z_\nu + \dot{z}_\nu \Delta t$. Wir erhalten also folgendes Schema für unsere vier Punkte:

Punkt	Koordinaten	Zeit
1	$x_\nu\ y_\nu\ z_\nu$	t
2	$x_\nu + \delta x_\nu,\ y_\nu + \delta y_\nu,\ z_\nu + \delta z_\nu$	t
3	$x_\nu + \dot{x}_\nu \Delta t,\ y_\nu + \dot{y}_\nu \Delta t,\ z_\nu + \dot{z}_\nu \Delta t$	$t + \Delta t$
4	$x_\nu + \Delta x_\nu,\ y_\nu + \Delta y_\nu,\ z_\nu + \Delta z_\nu$	$t + \Delta t$

Die Ordinatendifferenz zwischen 2 und 1 ist demgemäß δx_ν, zwischen 4 und 1 Δx_ν.

Wir wollen die Beziehungen zwischen Δx_ν, δx_ν und Δt aufstellen. Zu dem Zwecke beachten wir, daß der Punkt 4 durch den δ-Prozeß aus 3 hervorgeht, ebenso wie 2 aus 1. Wir können also die x-Koordinate von 4 folgendermaßen ausdrücken: $(x_\nu + \dot{x}_\nu \Delta t) + \delta(x_\nu + \dot{x}_\nu \Delta t)$. Allgemein finden wir also für die Koordinaten von 4 folgende Werte:

$$x_\nu + \delta x_\nu + \dot{x}_\nu \Delta t, \quad y_\nu + \delta y_\nu + \dot{y}_\nu \Delta t, \quad z_\nu + \delta z_\nu + \dot{z}_\nu \Delta t,$$

unter Vernachlässigung von Gliedern höherer Ordnung.

Anderseits sind die Koordinaten nach dem oben aufgestellten Schema die folgenden:

$$x_\nu + \Delta x_\nu, \quad y_\nu + \Delta y_\nu, \quad z_\nu + \Delta z_\nu.$$

Der Vergleich ergibt also folgende Beziehung zwischen Δx_ν, δx_ν und Δt:

$$(65)\qquad \begin{cases} \Delta x_\nu = \delta x_\nu + \dot{x}_\nu \Delta t, \\ \Delta y_\nu = \delta y_\nu + \dot{y}_\nu \Delta t, \\ \Delta z_\nu = \delta z_\nu + \dot{z}_\nu \Delta t. \end{cases}$$

Wir wollen weiter die Operationen Δ und δ auf eine Funktion $\varphi(x, y, z, t)$ anwenden, und ebenfalls die Beziehungen zwischen $\Delta\varphi$ und $\delta\varphi$ aufstellen. Wir haben nach Definition der Zeichen:

$$(66\text{a})\qquad \Delta\varphi = \frac{\partial\varphi}{\partial x}\Delta x + \frac{\partial\varphi}{\partial y}\Delta y + \frac{\partial\varphi}{\partial z}\Delta z + \frac{\partial\varphi}{\partial t}\Delta t,$$

$$(66\text{b})\qquad \delta\varphi = \frac{\partial\varphi}{\partial x}\delta x + \frac{\partial\varphi}{\partial y}\delta y + \frac{\partial\varphi}{\partial z}\delta z.$$

Fügen wir dazu noch die zeitliche Ableitung hinzu:

$$(66\text{c})\qquad \frac{d\varphi}{dt} = \dot{\varphi} = \frac{\partial\varphi}{\partial x}\dot{x} + \frac{\partial\varphi}{\partial y}\dot{y} + \frac{\partial\varphi}{\partial z}\dot{z} + \frac{\partial\varphi}{\partial t},$$

erweitern diese Gleichung mit Δt und subtrahieren von (66a), so haben wir:

$$\Delta\varphi - \dot{\varphi}\,\Delta t = \frac{\partial\varphi}{\partial x}(\Delta x - \dot{x}\,\Delta t) + \frac{\partial\varphi}{\partial y}(\Delta y - \dot{y}\,\Delta t) + \frac{\partial\varphi}{\partial z}(\Delta z - \dot{z}\,\Delta t),$$

und darin ist die rechte Seite nach (65) gleich:

$$\frac{\partial\varphi}{\partial x}\delta x + \frac{\partial\varphi}{\partial y}\delta y + \frac{\partial\varphi}{\partial z}\delta z,$$

also nach (66b) gleich $\delta\varphi$. Mithin erhalten wir:

$$(67)\qquad \Delta\varphi = \delta\varphi + \dot{\varphi}\,\Delta t,$$

analog wie Gleichung (65).

§ 7.

Allgemeine Koordinaten; wahre und nichtholonome Koordinaten.

Die Benutzung kartesischer Koordinaten ist im allgemeinen unzweckmäßig, und man führt deshalb bekanntlich sogenannte „allgemeine Koordinaten" ein, d. h. Größen q_k, die mit den $x_\nu y_\nu z_\nu$ in einer eineindeutigen Beziehung stehen. Bestehen zwischen den $3n$ kartesischen Koordinaten $x_\nu y_\nu z_\nu$ holonome Bedingungsgleichungen, etwa m, so können stets $(3n - m) = N$ Größen q_k so gewählt werden, daß zwischen ihnen keine Bedingungsgleichungen mehr bestehen. Waren die Bedingungsgleichungen skleronom, so enthalten auch die Relationen, die die $x_\nu y_\nu z_\nu$ mit den q_k verbinden, die Zeit t nicht explizite, und man nennt dann auch die q_k in leicht verständlicher Ausdrucksweise „skleronome"

Koordinaten. Sind dagegen die ursprünglich vorhandenen Bedingungen rheonom, so tritt die Zeit auch explizite in die Relationen zwischen den kartesischen Koordinaten und den q_k ein, die dann auch „rheonome“ Koordinaten heißen. In beiden Fällen haben wir jedenfalls Gleichungen von folgendem Typus:

$$\left.\begin{aligned} &(68\text{a}) \quad q_k = q_k(x_1 y_1 z_1 \ldots x_n y_n z_n), \quad \text{oder} \\ &(68\text{b}) \quad q_k = q_k(x_1 y_1 z_1 \ldots x_n y_n z_n, t) \end{aligned}\right\} (k = 1, 2 \ldots, N).$$

Im folgenden werden wir uns übrigens der Einfachheit wegen stets auf skleronome Koordinaten beschränken. Wegen der Form der Relationen (68) heißen die q_k auch „holonome“ oder „wahre“ Koordinaten. Es ist aber unter Umständen zweckmäßig, gewisse lineare Differentialausdrücke der wahren Koordinaten q_k einzuführen, die wir durch $d'\pi_r$ abkürzen wollen:

$$(68) \qquad d'\pi_r = \sum_k^{1,N} \alpha_{kr}\, d q_k \qquad (r = 1, 2, \ldots N),$$

wo die α_{kr} Funktionen der q_k sind.

Genügen diese Koeffizienten α_{kr} den Integrabilitätsbedingungen:

$$(69) \qquad \frac{\partial \alpha_{kr}}{\partial q_\lambda} - \frac{\partial \alpha_{\lambda r}}{\partial q_k} = 0 \qquad (r = 1, 2, \ldots N),$$

so sind die $d'\pi_r$ exakte Differentiale, und es lassen sich aus (68) durch Integration die Größen π_r als Funktionen der q_k gewinnen; die π_r sind also in diesem Falle lediglich neue allgemeine Koordinaten von demselben Charakter, wie die q_k. In diesem Falle kann natürlich in (68) der Strich am Differentialzeichen fortbleiben. Sind dagegen die Integrabilitätsbedingungen (69) nicht erfüllt, so existieren keine Größen „π_r“, vielmehr sind nur die $d'\pi_r$ eben durch (68) definiert. Dividiert man (68) durch dt, so treten rechts die Größen $\frac{d q_k}{d t} = \dot{q}_k$ auf, die „allgemeinen Geschwindigkeiten“; links die Größen $\frac{d'\pi_r}{dt}$ wollen wir nicht durch $\dot{\pi}_r$ bezeichnen, um die Auffassung zu verhüten, als ob es sich um zeitliche Ableitungen von Größen „π_r“ handele; wir bezeichnen die genannten Quotienten zum Unterschiede durch $\overset{*}{\pi}_r$. Diese gehorchen den Gleichungen:

$$(70) \qquad \overset{*}{\pi}_r = \sum_k^{1,N} \alpha_{kr}\, \dot{q}_k \qquad (r = 1, \ldots N),$$

sind also lineare Aggregate der allgemeinen Geschwindigkeitskomponenten und können selbst als solche allgemeinen Geschwindigkeiten benutzt werden. Sie unterscheiden sich aber dadurch von den $\dot{q}_k$, daß diese Ableitungen von Größen q_k sind, jene jedoch nicht; deshalb kann man die Größen „π_r“ natürlich auch nicht als allgemeine Koordinaten benutzen. In den später zu besprechenden Lagrangeschen Gleichungen der Bewegung treten nun die q_k und die $\dot{q}_k$ gemeinsam auf; der hier auseinandergesetzte Unterschied zwischen den q_k und den $\overset{*}{\pi}_r$ macht es von vornherein plausibel, daß ohne weiteres die Größen $\overset{*}{\pi}_r$ nicht als Geschwindigkeitskomponenten in den Lagrangeschen Gleichungen benutzt werden können, weil eben die zugehörigen Größen π_r nicht existieren. Man kann jedoch, worauf wir später eingehen werden, die Lagrangeschen Gleichungen so erweitern, daß sie auch für diesen Fall brauchbar bleiben. Man nennt (nicht ganz passend) die Größen $d'\pi_r$ „Differentiale von nichtholonomen Koordinaten“ oder von „Quasikoordinaten“.[1] Ein Beispiel dieser Quasikoordinaten ist folgendes: Man kann bekanntlich die Lage eines starren, in einem Punkte festgehaltenen Körpers durch die drei sogenannten Eulerschen Winkel φ, ψ, ϑ bestimmen, die offenbar wahre Koordinaten sind. φ heißt der Präzessionswinkel, ψ der Eigendrehungswinkel, ϑ der Pendelungswinkel. Die Größen $\dot\varphi$, $\dot\psi$, $\dot\vartheta$ sind entsprechend benannte Geschwindigkeitskomponenten. Man kann nun anderseits die Rotationsgeschwindigkeit des starren Körpers um die instantane Rotationsachse in drei Komponenten $\overset{*}{\pi}$, $\overset{*}{\chi}$, $\overset{*}{\varrho}$ nach drei im Körper festen Achsen zerlegen; sie sind natürlich Funktionen der $\dot\varphi$, $\dot\psi$, $\dot\vartheta$. Und zwar lehrt die Mechanik der starren Körper, daß folgende Beziehungen existieren:

$$(71)\qquad \left|\begin{aligned} \overset{*}{\pi} &= \sin\psi\sin\vartheta\cdot\dot\varphi + \cos\psi\cdot\dot\vartheta + 0\cdot\dot\psi,\\ \overset{*}{\chi} &= \cos\psi\sin\vartheta\cdot\dot\varphi - \sin\psi\cdot\dot\vartheta + 0\cdot\dot\psi,\\ \overset{*}{\varrho} &= \cos\vartheta\cdot\dot\varphi + 0\cdot\dot\vartheta + 1\cdot\dot\psi.\end{aligned}\right.$$

In diesem Falle haben die Größen α_{kr} folgende Werte:

$$(72)\qquad \left\{\begin{aligned} \alpha_{11} &= \sin\psi\sin\vartheta; & \alpha_{21} &= \cos\psi; & \alpha_{31} &= 0;\\ \alpha_{12} &= \cos\psi\sin\vartheta; & \alpha_{22} &= -\sin\psi; & \alpha_{32} &= 0;\\ \alpha_{13} &= \cos\vartheta, & \alpha_{23} &= 0; & \alpha_{33} &= 1,\end{aligned}\right.$$

und diese erfüllen die Integrabilitätsbedingungen (69) nicht. Z. B. ist

$$\frac{\partial\alpha_{11}}{\partial\vartheta} - \frac{\partial\alpha_{21}}{\partial\varphi} = \frac{\partial}{\partial\vartheta}(\sin\psi\sin\vartheta) - \frac{\partial}{\partial\varphi}(\cos\psi) = \sin\psi\cos\vartheta \neq 0.$$

Multiplizieren wir die Gleichungen (71) mit dt, so sind also die Größen $\overset{*}{\pi}dt$, $\overset{*}{\chi}dt$, $\overset{*}{\varrho}dt$ unexakte Differentiale, die wir mit $d'\pi$, $d'\chi$, $d'\varrho$ bezeichnen wollen:

$$(73)\qquad \left\{\begin{aligned} d'\pi &= \sin\psi\sin\vartheta\cdot d\varphi + \cos\psi\cdot d\vartheta + 0\cdot d\psi,\\ d'\chi &= \cos\psi\sin\vartheta\cdot d\varphi - \sin\psi\cdot d\vartheta + 0\cdot d\psi,\\ d'\varrho &= \cos\vartheta\cdot d\varphi + 0\cdot d\vartheta + 1\cdot d\psi.\end{aligned}\right.$$

---

[1] Sowohl diese Erkenntnis, als auch der Name „nichtholonome Koordinaten“ rühren von Boltzmann her (Wien. Sitz.-Ber. 111, S. 1603, 1902).

Es sind also die Größen $d'\pi$, ... genau von der Beschaffenheit, wie wir sie eben von den Differentialen von Quasikoordinaten verlangt haben. Wir kommen auf dieses Beispiel später ausführlich zurück.

Wir befassen uns im folgenden mit einer wichtigen Eigenschaft der Differentiale nichtholonomer Koordinaten, auf der gerade die oben erwähnte Nichtanwendbarkeit der gewöhnlichen Lagrangeschen Gleichungen letzten Endes beruht.

Es sei q_k eine wahre Koordinate, $\dot{q}_k$ die zugehörige Geschwindigkeit. Es handelt sich nun um die Beziehung zwischen den Ausdrücken $\delta\left(\frac{d q_k}{d t}\right)$

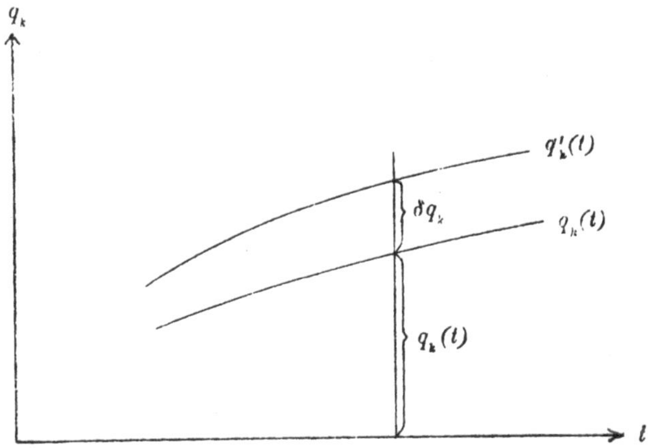

Fig. 3a.

und $\frac{d}{dt}(\delta q_k)$. Wir ziehen die Kurve $q_k(t)$ in der $q_k t$ — Ebene. Gleichzeitig zeichnen wir eine Nachbarkurve $q_k'(t)$. Ordnen wir beide Kurven einander in der Weise zu, daß wir jedem Punkte von q_k denjenigen Punkt von q_k' entsprechen lassen, der zu demselben t-Wert gehört, wie in der Fig. 3a angedeutet ist, so ist nach Definition des Zeichens δ offenbar $q_k' - q_k = \delta q_k$. Also:

$$\frac{d}{dt}(\delta q_k) = \frac{d q_k'}{d t} - \frac{d q_k}{d t} = \dot{q}_k' - \dot{q}_k. \tag{74}$$

Zeichnen wir jetzt in der $\dot{q}_\varkappa t$ — Ebene die Kurven $\dot{q}_k(t)$ und $\dot{q}_k'(t)$, so haben wir, wie sofort aus der Fig. 3b abzulesen ist, wieder gemäß Definition des Zeichens δ:

$$\delta \dot{q}_k = \delta\left(\frac{d q_k}{d t}\right) = \dot{q}_k' - \dot{q}_k, \tag{75}$$

und der Vergleich von (74) und (75) liefert die fundamentale Relation:

$$\frac{d}{dt}(\delta q_k) = \delta\left(\frac{d q_k}{d t}\right), \tag{76}$$

d. h. bei holonomen Koordinaten sind die Operationen δ und $\frac{d}{dt}$ vertauschbar. Man erkennt, daß dies wesentlich auf dem Umstande beruht, daß t, die unabhängige Variable, unvariiert bleibt. Die Vertauschbarkeit wird also, wie man sofort sieht, nicht gelten für die Zeichen Δ und $\frac{d}{dt}$.

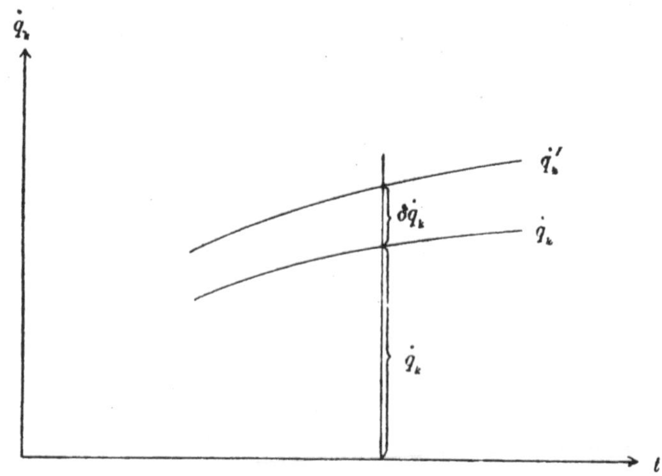

Fig. 3b.

Ebenso gilt die Vertauschbarkeit der Zeichen δ und $\frac{d}{dt}$ nicht mehr bei nichtholonomen Koordinaten, wie wir jetzt beweisen wollen.

Es seien nichtholonome Koordinaten definiert durch die Gleichungen:

$$\delta \pi_r = \sum_k^{1,N} \alpha_{kr} \delta q_k \qquad (r = 1, \ldots N), \tag{77}$$

beziehungsweise die zugehörigen Geschwindigkeiten durch:

$$\overset{*}{\pi}_r = \sum_k^{1,N} \alpha_{kr} \dot{q}_k. \tag{78}$$

Bilden wir jetzt von (77) die zeitliche Ableitung, von (78) die Operation δ, so finden wir:

$$\frac{d}{dt}(\delta \pi_r) = \sum_k^{1,N} \alpha_{kr} \frac{d\,\delta q_k}{dt} + \sum_k^{1,N} \frac{d\alpha_{kr}}{dt} \delta q_k,$$

$$\delta \overset{*}{\pi}_r = \sum_k^{1,N} \alpha_{kr}\, \delta\left(\frac{d q_k}{dt}\right) + \sum_k^{1,N} \delta \alpha_{kr} \cdot \frac{d q_k}{dt}.$$

Durch Subtraktion ergibt sich, da nach (76) $\frac{d\,\delta q_k}{dt} = \delta \frac{d q_k}{dt}$ ist:

(79) $$\delta \overset{*}{\pi}_r - \frac{d}{dt}(\delta \pi_r) = \sum_k \{\delta \alpha_{kr} \dot{q}_k - \dot{\alpha}_{kr} \delta q_k\};$$

darin ist, wie die Ausrechnung zeigt, die rechte Seite für nichtholonome Koordinaten von Null verschieden, d. h. die beiden in Frage stehenden Operationen sind nicht vertauschbar. Um dies in Evidenz zu setzen, schreiben wir:

$$\dot{\alpha}_{kr} = \sum_\lambda \frac{\partial \alpha_{kr}}{\partial q_\lambda} \dot{q}_\lambda,$$

was, in (79) eingesetzt, liefert:

$$\delta \overset{*}{\pi}_r - \frac{d\,\delta \pi_r}{dt} = \sum_k \delta \alpha_{kr} \dot{q}_k - \sum_k \sum_\lambda \frac{\partial \alpha_{kr}}{\partial q_\lambda} \delta q_k \dot{q}_\lambda,$$

oder, wenn wir in der Doppelsumme die Summationsbuchstaben k und λ miteinander vertauschen, was offenbar gestattet ist:

$$\delta \overset{*}{\pi}_r - \frac{d\,\delta \pi_r}{dt} = \sum_k \dot{q}_k \left(\delta \alpha_{kr} - \sum_\lambda \frac{\partial \alpha_{\lambda r}}{\partial q_k} \delta q_\lambda\right).$$

Ebenso ist:

$$\delta \alpha_{kr} = \sum_\lambda \frac{\partial \alpha_{kr}}{\partial q_\lambda} \delta q_\lambda,$$

also eingesetzt endlich:

(80) $$\delta \overset{*}{\pi}_r - \frac{d\,\delta \pi_r}{dt} = \sum_k \sum_\lambda \left\{\frac{\partial \alpha_{kr}}{\partial q_\lambda} - \frac{\partial \alpha_{\lambda r}}{\partial q_k}\right\} \dot{q}_k \,\delta q_\lambda.$$

Die rechts auftretende Klammergröße $\left\{\frac{\partial \alpha_{kr}}{\partial q_\lambda} - \frac{\partial \alpha_{\lambda r}}{\partial q_k}\right\}$ ist nichts anderes, als die linke Seite der Integrabilitätsbedingung (69), und da diese bei nicht holonomen Koordinaten nicht erfüllt ist, so ist also in der Tat $\delta \overset{*}{\pi}_r \neq \frac{d\,\delta \pi_r}{dt}$. Gerade die Vertauschbarkeit von δ und $\frac{d}{dt}$ wird aber bei der Ableitung der Lagrangeschen Gleichungen erfordert, wie wir später genauer darlegen werden.

Wir können Gleichung (80) noch etwas modifizieren. Lösen wir nämlich die Gleichung (78) nach $\dot{q}_k$ und (77) nach δq_k auf, so können wir auf der rechten Seite von (80) $\dot{q}_k$ und δq_λ durch die $\overset{*}{\pi}_r$ und $\delta \pi_r$ ersetzen. Es sei die Auflösung der genannten Gleichungen folgende:

(81) $$\begin{cases} \delta q_\lambda = \sum_\varrho \beta_{\varrho\lambda} \delta \pi_\varrho, \\ \dot{q}_k = \sum_\sigma \beta_{\sigma k} \overset{*}{\pi}_\sigma, \end{cases}$$

wo ϱ und σ zwei Summationsbuchstaben sind. Dann wird (80) zu:

(82) $$\delta(\overset{*}{\pi}_r) = \frac{d}{dt}(\delta \pi_r) + \sum_k \sum_\lambda \sum_\varrho \sum_\sigma \left\{\frac{\partial \alpha_{kr}}{\partial q_\lambda} - \frac{\partial \alpha_{\lambda r}}{\partial q_k}\right\} \beta_{\varrho\lambda} \beta_{\sigma k} \overset{*}{\pi}_\sigma \cdot \delta \pi_\varrho,$$

oder mit Vertauschung von ϱ und σ:

$$(82a)\quad \delta(\overset{*}{\pi}_r) = \frac{d}{dt}(\delta\pi_r) + \sum_\sigma \sum_\varrho \left[\sum_k \sum_\lambda \beta_{\varrho k}\,\beta_{\sigma\lambda}\left\{\frac{\partial \alpha_{kr}}{\partial q_\lambda} - \frac{\partial \alpha_{\lambda r}}{\partial q_k}\right\}\right] \overset{*}{\pi}_\varrho \cdot \delta\pi_\sigma.$$

Eine kleine Veränderung kann man noch an (82a) anbrigen.

Die eckige Klammer hängt von den Indizes k, r, λ, ϱ, σ ab, von denen gemäß der auszuführenden zweifachen Summation über k und λ diese beiden Buchstaben Summationsbuchstaben sind, während die Indizes r, ϱ, σ laufende Variable sind: die Klammer ist Funktion der Größen r, ϱ, σ. Wir wollen sie deshalb zusammenfassend durch $(-\gamma_{r\varrho\sigma})$ bezeichnen und erhalten dann:

$$(83)\qquad \delta\overset{*}{\pi}_r = \frac{d\,\delta\pi_r}{dt} - \sum_\varrho \sum_\sigma \gamma_{r\varrho\sigma}\,\overset{*}{\pi}_\varrho\,\delta\pi_\sigma.$$

Die Zusammenfassung der Klammer in $-\gamma_{r\varrho\sigma}$ rechtfertigt sich dadurch, daß $\gamma_{r\varrho\sigma}$ nur von der gegenseitigen Verknüpfung zwischen den $\delta\pi_r$ und δq_k abhängt.

§ 8.

Das Hamiltonsche Prinzip der stationären Wirkung und seine Äquivalenz mit dem d'Alembertschen Prinzip.

Die linke Seite des in Gleichung (37) enthaltenen d'Alembertschen Prinzips ist von der Form:

$$\sum_\nu^{1,n}[(X_\nu - m_\nu\ddot{x}_\nu)\,\delta x_\nu + (Y_\nu - m_\nu\ddot{y}_\nu)\,\delta y_\nu + (Z_\nu - m_\nu\ddot{z}_\nu)\,\delta z_\nu].$$

Dieser Ausdruck verschwindet, wenn die δx_ν, δy_ν, δz_ν virtuelle Verrückungen sind; er ist aber natürlich von Null i. A. verschieden, wenn dies nicht der Fall ist. Wir wollen es für das Folgende zunächst unentschieden lassen, ob die δx_ν, δy_ν, δz_ν virtuelle Verrückungen sind oder nicht; für unsere nächsten Betrachtungen kommt es eben nicht darauf an, daß der obige Ausdruck verschwindet, sondern nur auf seine Zusammensetzung. Wir formen ihn in folgender Weise um:

$$(84)\quad \sum_\nu (X_\nu\,\delta x_\nu + Y_\nu\,\delta y_\nu + Z_\nu\,\delta z_\nu) - \sum_\nu m_\nu(\ddot{x}_\nu\,\delta x_\nu + \ddot{y}_\nu\,\delta y_\nu + \ddot{z}_\nu\,\delta z_\nu).$$

Der erste Summand:

$$(85)\qquad \sum_\nu^{1,n}(X_\nu\,\delta x_\nu + Y_\nu\,\delta y_\nu + Z_\nu\,\delta z_\nu) = \delta' A$$

stellt, wie bekannt, die Arbeit dar, die von den Kräften $X_\nu\,Y_\nu\,Z_\nu$ bei der beliebigen Verrückung $\delta x_\nu, \ldots$ geleistet wird. Die zweite Summe kann Glied für Glied in der folgenden Weise umgeformt werden:

$$m_\nu \ddot{x}_\nu \delta x_\nu = \frac{d}{dt}(m_\nu \dot{x}_\nu \delta x_\nu) - m_\nu \dot{x}_\nu \frac{d\,\delta x_\nu}{dt},$$

$$= \frac{d}{dt}(m_\nu \dot{x}_\nu \delta x_\nu) - m_\nu \dot{x}_\nu \delta \dot{x}_\nu,$$

$$= \frac{d}{dt}(m_\nu \dot{x}_\nu \delta x_\nu) - \delta\left(\frac{m_\nu}{2}\dot{x}_\nu^2\right).$$

Also haben wir:

$$m_\nu(\ddot{x}_\nu \delta x_\nu + \ddot{y}_\nu \delta y_\nu + \ddot{z}_\nu \delta z_\nu) = \frac{d}{dt}[m_\nu(\dot{x}_\nu \delta x_\nu + \dot{y}_\nu \delta y_\nu + \dot{z}_\nu \delta z_\nu)]$$
$$- \delta \frac{m_\nu}{2}(\dot{x}_\nu^2 + \dot{y}_\nu^2 + \dot{z}_\nu^2).$$

Das letzte Glied ist also die Variation der kinetischen Energie L_ν des ν^{ten} Massenpunktes; also ist schließlich durch Summation über alle Massenpunkte des Systems:

$$(86)\quad \begin{cases} \sum\limits_\nu^{1,n} m_\nu(\ddot{x}_\nu \delta x_\nu + \ddot{y}_\nu \delta y_\nu + \ddot{z}_\nu \delta z_\nu) = \\ \qquad - \delta L + \dfrac{d}{dt}\left[\sum\limits_\nu m_\nu(\dot{x}_\nu \delta x_\nu + \dot{y}_\nu \delta y_\nu + \dot{z}_\nu \delta z_\nu)\right]. \end{cases}$$

Die Subtraktion der Gleichung (86) von (85) liefert dann folgende Identität:

$$(87)\quad \begin{cases} \sum\limits_\nu^{1,n} [(X_\nu - m_\nu \ddot{x}_\nu)\delta x_\nu + \ldots] = \\ \qquad \delta L + \delta' A - \dfrac{d}{dt}\left[\sum\limits_\nu m_\nu(\dot{x}_\nu \delta x_\nu + \dot{y}_\nu \delta y_\nu + \dot{z}_\nu \delta z_\nu)\right]. \end{cases}$$

Hier ist die linke Seite des d'Alembertschen Ausdruckes transformiert, ganz gleichgültig, ob die $\delta x_\nu \ldots$ virtuelle Verrückungen sind oder nicht. Es liegt nahe, weil auf der rechten Seite ein Differentialquotient nach der Zeit steht, eine Integration nach t auszuführen, etwa zwischen den festen Grenzen t_0 und t_1. Das liefert sofort:

$$\int_{t_0}^{t_1} \sum_\nu [(X_\nu - m_\nu \ddot{x}_\nu)\delta x_\nu + \ldots]\,dt =$$
$$\int_{t_0}^{t_1} (\delta L + \delta' A)\,dt - \overline{\underline{\sum_\nu [m_\nu(\dot{x}_\nu \delta x_\nu + \dot{y}_\nu \delta y_\nu + \dot{z}_\nu \delta z_\nu)]}}_{t_0}^{t_1}.$$

Das aus dem Integralzeichen herausgetretene Glied kann nun noch durch eine passende Annahme über die Größen $\delta x_\nu, \ldots$ zu den Zeiten t_0 und t_1 zum Verschwinden gebracht werden. Setzen wir nämlich von jetzt an voraus, daß die δx_ν, δy_ν, δz_ν zu beiden Zeiten t_0 und t_1 gleich Null sind — die physikalische Bedeutung werden wir später erörtern —, so verschwindet der fragliche Ausdruck an beiden Grenzen, und wir erhalten einfach:

$$(88) \qquad \int_{t_0}^{t_1} \sum_{\nu} [(X_\nu - m_\nu \ddot{x}_\nu) \delta x_\nu + \dots] dt = \int_{t_0}^{t_1} (\delta L + \delta' A) dt.$$

Sind nun die bisher als beliebig angenommenen Verrückungen virtuelle, so verschwindet die linke Seite auf Grund des d'Alembertschen Prinzips, also auch die rechte, und es ist mithin die Aussage

$$(89) \qquad \int_{t_0}^{t_1} (\delta L + \delta' A) dt = 0$$

inhaltlich völlig gleichwertig dem d'Alembertschen Prinzip und den Bewegungsgleichungen. Gleichung (89) heißt das „Hamiltonsche Prinzip der stationären Wirkung".

In dem speziellen Falle, daß die Kräfte aus einem Potential ableitbar sind $\left(X_\nu = -\frac{\partial \Phi(x_1 \dots x_n)}{\partial x_\nu}, \dots\right)$, ist $\delta' A = -\delta \Phi$, und man kann, indem gleichzeitig die Reihenfolge von Variation δ und Integration nach t vertauscht wird, schreiben:

$$(90) \qquad \delta \int_{t_0}^{t_1} (L - \Phi) dt = \delta \int_{t_0}^{t_1} H dt = 0.$$

$H = L - \Phi$ heißt nach Helmholtz das „kinetische Potential".

In der Form (90) gestattet das Hamiltonsche Prinzip der stationären Wirkung eine einfache Formulierung: $\int_{t_0}^{t_1} H dt$ ist nämlich, abgesehen von einem irrelevanten konstanten Faktor, der zeitliche Mittelwert des kinetischen Potentials. Wir können also die Bewegungsgleichungen in der einfachen Aussage zusammendrängen:

„Der zeitliche Mittelwert des kinetischen Potentials ist für die wirkliche Bewegung stationär, d. h. ein Maximum, Minimum oder Sattelwert." Dabei wird die wirkliche Bewegung — wir beschränken uns in der Zeichnung wieder auf die Projektion in der x-t-Ebene — mit solchen benachbarten (variierten) Bahnen verglichen, die denselben Anfangs- und Endpunkt zur Zeit t_0 und t_1 mit der wirklichen gemeinsam haben, da ja die $\delta x_\nu, \dots$ zu diesen beiden Zeiten verschwinden sollten. Der Übergang von der wirklichen zu einer variierten Bahn muß stets durch virtuelle Verschiebungen geschehen. Liegen nichtholonome Bedingungen vor, so stellen die mit der wirklichen Bewegung verglichenen variierten Bewegungen nach dem Früheren unmögliche Bewegungen vor, da sie dann den Bedingungsgleichungen widersprechen.

Würde man fordern — was aber sachlich nicht begründet wäre —, daß die variierten Bahnen auch den Bedingungen gehorchen, so wären bei Benutzung des Hamiltonschen Prinzips nichtholonome Bedingungen auszuschließen, da es dann für solche falsche Bewegungsgleichungen liefern würde. Auf diesem Standpunkt stand H. Hertz[1], der irrtümlich das Hamiltonsche Prinzip auf holonome Bedingungen einschränken zu müssen glaubte, eben weil er von der variierten Bahn Verträglichkeit

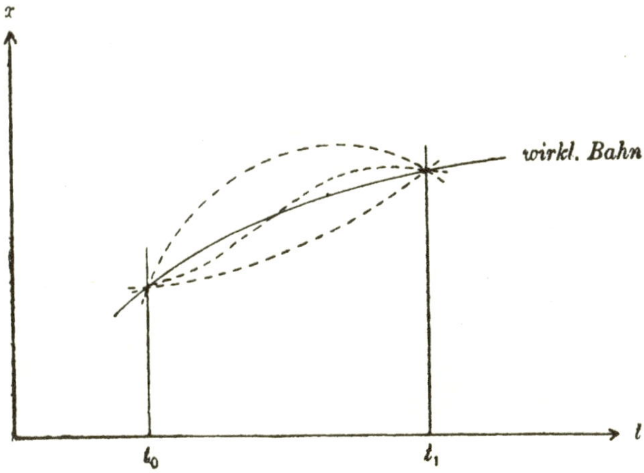

Fig. 4.

mit den Bedingungen forderte, während die mechanischen Prinzipien dies für die Übergangsbahn als notwendig zeigen. In Wirklichkeit gilt Hamiltons Prinzip, wie unsere Ableitung zeigt, für beliebige Bedingungen, genau wie das d'Alembertsche.

Will man das Hamiltonsche Prinzip benutzen, um die Bewegungsgleichungen zu gewinnen, so hat man lediglich den Gang der Gleichungen (89) bis (84) rückwärts zu verfolgen. Im nächsten Paragraphen behandeln wir auf diese Weise die Ableitung der Lagrangeschen Gleichungen aus dem Prinzip der stationären Wirkung.

§ 9.

Die Lagrangeschen Gleichungen für holonome und nichtholonome Koordinaten.

Wenn wir in L und im Ausdruck $\delta' A$ statt der kartesischen Koordinaten, in denen beide bisher ausgedrückt waren, allgemeine holonome Koordinaten q_k und Geschwindigkeiten $\dot{q}_k$ einführen, so wird L bekanntlich eine homogene quadratische Form in den $\dot{q}_k$, deren Koeffizienten

[1] H. Hertz, Prinzipien der Mechanik, S. 22ff.

Funktionen der $\dot{q}_k$ sind; ganz allgemein gesagt, hängt also L von den q_k und den $\dot{q}_k$ ab:

$$L = L(q_k; \dot{q}_k),$$

und die Variation liefert dann:

$$\delta L = \sum_k^{1,N} \frac{\partial L}{\partial q_k} \delta q_k + \sum_k^{1,N} \frac{\partial L}{\partial \dot{q}_k} \delta \dot{q}_k. \tag{91}$$

Im Ausdruck $\delta' A$ kommen die δx_ν, δy_ν, δz_ν vor, die lineare Aggregate der δq_k sind, etwa von der Form:

$$\delta x_\nu = \sum_k \alpha_k^\nu \delta q_k,$$
$$\delta y_\nu = \sum_k \beta_k^\nu \delta q_k,$$
$$\delta z_\nu = \sum_k \gamma_k^\nu \delta q_k.$$

Damit geht also $X_\nu \delta x_\nu + Y_\nu \delta y_\nu + Z_\nu \delta z_\nu$ über in:

$$X_\nu \delta x_\nu + Y_\nu \delta y_\nu + Z_\nu \delta z_\nu = X_\nu \sum_k \alpha_k^\nu \delta q_k + Y_\nu \sum_k \beta_k^\nu \delta q_k + Z_\nu \sum_k \gamma_k^\nu \delta q_k,$$

also schließlich $\delta' A = \sum\limits_\nu^{1,n} (X_\nu \delta x_\nu + \ldots)$ in:

$$\delta' A = \sum_\nu^{1,n} \sum_k^{1,N} (X_\nu \alpha_k^\nu + Y_\nu \beta_k^\nu + Z_\nu \gamma_k^\nu) \delta q_k =$$
$$\sum_k^{1,N} \delta q_k \{\sum_\nu^{1,n} (X_\nu \alpha_k^\nu + Y_\nu \beta_k^\nu + Z_\nu \gamma_k^\nu)\} = \sum_k^{1,N} Q_k \delta q_k.$$

Darin ist Q_k eine Abkürzung für $\sum\limits_\nu^{1,n} (X_\nu \alpha_k^\nu + Y_\nu \beta_k^\nu + Z_\nu \gamma_k^\nu)$.

Seine physikalische Bedeutung ergibt sich daraus, daß es mit δq_k multipliziert von der Dimension einer Arbeit ist. Demgemäß steht Q_k in Parallele mit X_ν, das ja mit δx_ν multipliziert auch eine Arbeit liefert, und deshalb wird Q_k als die allgemeine Kraftkomponente bezeichnet, die die Veränderung δq_k einer Koordinate q_k hervorbringt, während die übrigen q_k konstant gehalten werden. Man kann also stets schreiben:

$$\delta' A = \sum_k^{1,N} Q_k \delta q_k, \tag{92}$$

wobei in dem Spezialfalle der Existenz eines Potentials Φ natürlich $Q_k = -\frac{\partial \Phi}{\partial q_k}$, also $\delta' A = -\delta \Phi = -\sum\limits_k \frac{\partial \Phi}{\partial q_k} \delta q_k$ wird.

Setzen wir (91) und (92) in das Prinzip der stationären Wirkung [Gleichung (89)] ein, so erhalten wir:

$$\int_{t_0}^{t_1} dt \sum_k \frac{\partial L}{\partial q_k} \delta q_k + \int_{t_0}^{t_1} dt \sum_k \frac{\partial L}{\partial \dot{q}_k} \delta \dot{q}_k + \int_{t_0}^{t_1} dt \sum_k Q_k \delta q_k = 0. \tag{93}$$

Darin kann das zweite Glied durch partielle Integration umgeformt werden, wobei wir von der allein für holonome Koordinaten geltenden Vertauschbarkeit von δ und $\frac{d}{dt}$ Gebrauch machen müssen. Dieses Glied wird der Reihe nach — die Summenzeichen lassen wir bei dieser Zwischenrechnung der Einfachheit halber fort —:

$$\int dt \frac{\partial L}{\partial \dot{q}_k} \delta \dot{q}_k = \int \frac{\partial L}{\partial \dot{q}_k} \frac{d \delta q_k}{dt} dt = \overline{\frac{\partial L}{\partial \dot{q}_k} \delta q_k}\Big|_{t_0}^{t_1} - \int \frac{d}{dt}\left(\frac{\partial L}{\partial \dot{q}_k}\right) \delta q_k dt .$$

Weil die δx_ν, δy_ν, δz_ν für t_0 und t_1 verschwinden, tun dies auch die δq_k, also verschwindet das aus dem Integralzeichen herausgetretene Glied, und Gleichung (93) wird damit:

$$\int_{t_0}^{t_1} dt \sum_k^{1,N} \left\{ \frac{\partial L}{\partial q_k} - \frac{d}{dt}\left(\frac{\partial L}{\partial \dot{q}_k}\right) + Q_k \right\} \delta q_k = 0 . \tag{94}$$

Da die Zeiten t_0 und t_1 ganz beliebige sind, Gleichung (94) aber ganz allgemein gilt, so kann das Integral nur verschwinden, wenn der Integrand sich annulliert, und dieser zerfällt wegen der völligen Unabhängigkeit der N Größen δq_k in N unabhängige Gleichungen:

$$\frac{d}{dt}\left(\frac{\partial L}{\partial \dot{q}_k}\right) - \frac{\partial L}{\partial q_k} = Q_k \qquad (k = 1, 2 \ldots N). \tag{95}$$

Dies sind die bekannten Lagrangeschen Gleichungen zweiter Art, deren Gültigkeit, wie man sieht, ganz wesentlich von der Vertauschbarkeit von δ und $\frac{d}{dt}$, d. h. von der Verwendung holonomer Koordinaten abhängt.

Wir wollen nun dieselbe Rechnung durchführen[1], dabei aber voraussetzen, daß wir jetzt die δq_k und $\dot{q}_k$ durch nichtholonome Koordinatendifferentiale $\delta \pi_r$ und die zugehörigen Geschwindigkeiten $\overset{*}{\pi}_r$ ausdrücken. Dabei möge $L(q_k, \dot{q}_k)$ in $L'(q_k, \overset{*}{\pi}_r)$ übergehen. $\delta' A$ kann dann offenbar, indem man im Ausdruck $\sum_k Q_k \delta q_k$ die δq_k in der angegebenen Weise ersetzt, in die Form gebracht werden:

$$\delta' A = \sum_r^{1,N} \Pi_r \delta \pi_r , \tag{96}$$

wo Π_r diejenige verallgemeinerte Kraftkomponente ist, die die Verschiebung $\delta \pi_r$ erzeugt, während alle anderen $\delta \pi$ gleich Null sind.

Im Hamiltonschen Prinzip haben wir also:

$$\int_{t_0}^{t_1} dt \, \delta L' + \int_{t_0}^{t_1} dt \sum_r^{1,N} \Pi_r \delta \pi_r = 0 ,$$

[1] Vgl. hierzu C. Schaefer, Phys. Zeitschrift 19, S. 406. 1918.

oder, da $\delta L' = \sum \frac{\partial L'}{\partial q_k} \delta q_k + \sum_r \frac{\partial L'}{\partial \overset{*}{\pi}_r} \delta \overset{*}{\pi}_r$ ist:

$$(97) \qquad \int_{t_0}^{t_1} dt \sum_k \frac{\partial L'}{\partial q_k} \delta q_k + \int_{t_0}^{t_1} dt \sum_r \frac{\partial L'}{\partial \overset{*}{\pi}_r} \delta \overset{*}{\pi}_r + \int_{t_0}^{t_1} dt \sum_r \Pi_r \delta \pi_r = 0 .$$

Wir formen alle Glieder so um, daß sie den Faktor $\delta \pi_r$ erhalten. Zunächst das erste. Nach Gleichung (81) ist — nur die Summationsbuchstaben sind verändert —:

$$(98) \qquad \delta q_k = \sum_r^{1, N} \beta_{rk} \delta \pi_r .$$

Folglich kann das erste Glied geschrieben werden:

$$\int_{t_0}^{t_1} dt \sum_r^{1, N} \left\{ \sum_k^{1, N} \frac{\partial L'}{\partial q_k} \beta_{rk} \right\} \delta \pi_r .$$

Wären nun die „π_r“ holonome Koordinaten, so wären nach (98) die β_{rk} die partiellen Ableitungen $\frac{\partial q_k}{\partial \pi_r}$, also wäre

$$\sum_k \frac{\partial L'}{\partial q_k} \beta_{rk} = \sum_k \frac{\partial L'}{\partial q_k} \frac{\partial q_k}{\partial \pi_r} = \frac{\partial L'}{\partial \pi_r} .$$

Diese Bezeichnung können wir hier nicht, oder nur in übertragenem Sinne verwenden, müssen sie dann aber als uneigentliche Bezeichnung etwa durch Einklammern kenntlich machen. Für uns ist also:

$$\left(\frac{\partial L'}{\partial \pi_r} \right) \text{ eine Abkürzung für: } \sum_k \frac{\partial L'}{\partial q_k} \beta_{rk} .$$

Damit können wir das erste Glied schreiben:

$$(99) \qquad \int_{t_0}^{t_1} dt \sum_k^{1, N} \frac{\partial L'}{\partial q_k} \delta q_k = \int_{t_0}^{t_1} dt \sum_r^{1, N} \left(\frac{\partial L'}{\partial \pi_r} \right) \delta \pi_r .$$

Im zweiten Gliede müssen wir, da hier die Vertauschung von δ und $\frac{d}{dt}$ nicht mehr gestattet ist, die allgemeine Gleichung (83) verwenden:

$$\int_{t_0}^{t_1} dt \sum_r \frac{\partial L'}{\partial \overset{*}{\pi}_r} \delta \overset{*}{\pi}_r = \int dt \sum_r \frac{\partial L'}{\partial \overset{*}{\pi}_r} \frac{d \delta \pi_r}{dt}$$
$$- \int dt \sum_r \frac{\partial L'}{\partial \overset{*}{\pi}_r} \sum_\varrho \sum_\sigma \gamma_{r \varrho \sigma} \overset{*}{\pi}_\varrho \delta \pi_\sigma .$$

Darin liefert das erste Glied rechts durch gewöhnliche partielle Integration, da die $\delta \pi_r$ an den Grenzen des Integrals verschwinden, weil die δq_k dies tun, den Wert $-\int dt \sum_r \frac{d}{dt}\left(\frac{\partial L'}{\partial \overset{*}{\pi}_r}\right)\delta\pi_r$. Bei dem zweiten Gliede rechts vertauschen wir die Summationsbuchstaben r und σ, um statt $\delta\pi_\sigma$ — wie bei den anderen Ausdrücken — $\delta\pi_r$ zu erhalten. So ergibt sich:

$$
\begin{aligned}
\int dt \sum_r \frac{\partial L'}{\partial \overset{*}{\pi}_r}\delta\overset{*}{\pi}_r = &-\int dt \sum_r \frac{d}{dt}\left(\frac{\partial L'}{\partial \overset{*}{\pi}_r}\right)\delta\pi_r \\
&-\int dt \sum_r \sum_\varrho \sum_\sigma \frac{\partial L'}{\partial \overset{*}{\pi}_\sigma}\gamma_{r\varrho\sigma}\overset{*}{\pi}_\varrho\delta\pi_r .
\end{aligned} \tag{100}
$$

Setzt man (99) und (100) in die Ausgangsgleichung (97) ein, so folgt:

$$
\int_{t_0}^{t_1}\sum_r^{1,N}\left[\left(\frac{\partial L'}{\partial \pi_r}\right)-\frac{d}{dt}\left(\frac{\partial L'}{\partial \overset{*}{\pi}_r}\right)-\sum_\varrho\sum_\sigma \gamma_{r\varrho\sigma}\frac{\partial L'}{\partial \overset{*}{\pi}_\sigma}\overset{*}{\pi}_\varrho+\Pi_r\right]\delta\pi_r = 0,
$$

woraus durch die übliche, auch oben angewandte Schlußweise — die $\delta\pi_r$ sind ebenso wie die q_k als voneinander unabhängig angenommen — folgt:

$$
\frac{d}{dt}\left(\frac{\partial L'}{\partial \overset{*}{\pi}_r}\right)-\left(\frac{\partial L'}{\partial \pi_r}\right)+\sum_\varrho\sum_\sigma \gamma_{r\varrho\sigma}\frac{\partial L'}{\partial \overset{*}{\pi}_\sigma}\overset{*}{\pi}_\varrho = \Pi_r \quad (r = 1, 2 \ldots N).^{1} \tag{101}
$$

Da die $\gamma_{r\varrho\sigma}$ proportional den linken Seiten der Integrabilitätsbedingungen (69) sind, so reduziert sich obige Gleichung sofort auf die gewöhnlichen Lagrangeschen, wenn die Koordinaten holonom sind, wie es sein muß; Gleichung (101) ist die für nichtholonome Koordinaten gültige Form derselben; wir werden im folgenden unter dem Namen „erweiterte Lagrangesche Gleichung" darauf Bezug nehmen.

§ 10.

Anwendung der erweiterten Lagrangeschen Gleichungen auf die Eulerschen Gleichungen des starren Körpers.

Als Beispiel für die Anwendung der verallgemeinerten Lagrangeschen Gleichungen wollen wir die Eulerschen Gleichungen des starren Körpers nehmen.

Drücken wir die kinetische Energie eines in einem Punkte festgehaltenen starren Körpers durch die Komponenten $\overset{*}{\pi}, \overset{*}{\chi}, \overset{*}{\varrho}$ der Rotationsgeschwindigkeit um drei im Körper feste Achsen, das sogenannte Hauptträgheitskreuz, aus, so ergibt sich bekanntlich:

---

[1] Diese Gleichung hat zuerst L. Boltzmann (Wien. Sitz.-Ber. 111, S. 1603, 1902; auch Ges. Abh. III, S. 682) bewiesen; später hat G. Hamel (Math. Ann. 59, S. 416ff. 1904) dieser Frage eine ausgedehnte Untersuchung gewidmet.

$$L' = \frac{A}{2}\overset{*}{\pi}^2 + \frac{B}{2}\overset{*}{\chi}^2 + \frac{C}{2}\overset{*}{\varrho}^2, \tag{102}$$

wo A, B, C die Hauptträgheitsmomente für den festgehaltenen Punkt sind. Die Arbeitsgröße $\delta' A$ läßt sich dann ausdrücken durch die infinitesimalen Rotationswinkel $\delta\pi$, $\delta\chi$, $\delta\varrho$:

$$\delta' A = \Pi\,\delta\pi + X\,\delta\chi + P\,\delta\varrho, \tag{103}$$

wo Π, X, P die Momente der äußeren Kräfte um die Hauptträgheitsachsen sind.

Bereits in Gleichung (71) haben wir die Beziehungen zwischen den Geschwindigkeiten $\overset{*}{\pi}$, $\overset{*}{\chi}$, $\overset{*}{\varrho}$ und den aus den Eulerschen Winkeln sich ergebenden $\dot{\varphi}$, $\dot{\psi}$, $\dot{\vartheta}$ angegeben:

$$\left\{\begin{aligned} \overset{*}{\pi} &= \sin\psi\sin\vartheta\cdot\dot{\varphi} + \cos\psi\cdot\dot{\vartheta} + 0\cdot\dot{\psi},\\ \overset{*}{\chi} &= \cos\psi\sin\vartheta\cdot\dot{\varphi} - \sin\psi\cdot\dot{\vartheta} + 0\cdot\dot{\psi},\\ \overset{*}{\varrho} &= \cos\vartheta\cdot\dot{\varphi} + 0\cdot\dot{\vartheta} + 1\cdot\dot{\psi}. \end{aligned}\right. \tag{104}$$

In unserer früheren Bezeichnungsweise haben also die Koeffizienten $\alpha_{\varkappa r}$ die Werte:

$$\left\{\begin{aligned} \alpha_{11} &= \sin\psi\sin\vartheta; & \alpha_{21} &= \cos\psi; & \alpha_{31} &= 0;\\ \alpha_{12} &= \cos\psi\sin\vartheta; & \alpha_{22} &= -\sin\psi; & \alpha_{32} &= 0;\\ \alpha_{13} &= \cos\vartheta; & \alpha_{23} &= 0; & \alpha_{33} &= 1. \end{aligned}\right. \tag{105}$$

Löst man die Gleichungen (104) auf, so erhält man:

$$\left\{\begin{aligned} \dot{\varphi} &= \frac{\sin\psi}{\sin\vartheta}\cdot\overset{*}{\pi} + \frac{\cos\psi}{\sin\vartheta}\cdot\overset{*}{\chi} + 0\cdot\overset{*}{\varrho},\\ \dot{\vartheta} &= \cos\psi\cdot\overset{*}{\pi} - \sin\psi\cdot\overset{*}{\chi} + 0\cdot\overset{*}{\varrho},\\ \dot{\psi} &= -\frac{\cos\vartheta\sin\psi}{\sin\vartheta}\cdot\overset{*}{\pi} - \frac{\cos\vartheta\cos\psi}{\sin\vartheta}\cdot\overset{*}{\chi} + 1\cdot\overset{*}{\varrho} \end{aligned}\right. \tag{106}$$

mit den Koeffizienten $\beta_{r\varkappa}$:

$$\left\{\begin{aligned} \beta_{11} &= \frac{\sin\psi}{\sin\vartheta}; & \beta_{21} &= \frac{\cos\psi}{\sin\vartheta}; & \beta_{31} &= 0;\\ \beta_{12} &= \cos\psi; & \beta_{22} &= -\sin\psi; & \beta_{32} &= 0;\\ \beta_{13} &= -\frac{\cos\vartheta\sin\psi}{\sin\vartheta}; & \beta_{23} &= -\frac{\cos\vartheta\cos\psi}{\sin\vartheta}; & \beta_{33} &= 1. \end{aligned}\right. \tag{107}$$

Die Größen $\alpha_{\varkappa r}$ erfüllen offensichtlich nicht die Integrabilitätsbedingungen (69), also sind $d\pi$, $d\chi$, $d\varrho$ Differentiale nichtholonomer Koordinaten, d. h. in unserer früheren Bezeichnungsweise mit $d\pi_1$, $d\pi_2$, $d\pi_3$ zu bezeichnen.

Will man daher zur Ableitung der Bewegungsgleichungen des starren Körpers aus den Lagrangeschen den Ausdruck (102) der kinetischen Energie, sowie (103) für die elementare Arbeit $\delta' A$ benutzen, so muß man die erweiterten Lagrangeschen Gleichungen (101) anwenden, nicht die einfachen (95).

Diese letzteren würden folgendes liefern:

$$\left(\frac{\partial L'}{\partial \pi}\right) = \left(\frac{\partial L'}{\partial \chi}\right) = \left(\frac{\partial L'}{\partial \varrho}\right) = 0\,,$$

weil L' von den Koordinaten selbst gar nicht abhängt, ferner:

$$\frac{\partial L'}{\partial \overset{*}{\pi}} = A\overset{*}{\pi}, \qquad \frac{\partial L'}{\partial \overset{*}{\chi}} = B\overset{*}{\chi}, \qquad \frac{\partial L'}{\partial \overset{*}{\varrho}} = C\overset{*}{\varrho}\,;$$

also würde man zu folgenden Gleichungen gelangen:

$$\text{(108)} \qquad \left\{\begin{aligned} A\frac{d\overset{*}{\pi}}{dt} &= \Pi\,, \\ B\frac{d\overset{*}{\chi}}{dt} &= \mathrm{X}\,, \\ C\frac{d\overset{*}{\varrho}}{dt} &= P\,, \end{aligned}\right.$$

während die Eulerschen lauten:

$$\text{(109)} \qquad \left\{\begin{aligned} A\frac{d\overset{*}{\pi}}{dt} + (C-B)\,\overset{*}{\chi}\,\overset{*}{\varrho} &= \Pi\,, \\ B\frac{d\overset{*}{\chi}}{dt} + (A-C)\,\overset{*}{\varrho}\,\overset{*}{\pi} &= \mathrm{X}\,, \\ C\frac{d\overset{*}{\varrho}}{dt} + (B-A)\,\overset{*}{\pi}\,\overset{*}{\chi} &= P\,. \end{aligned}\right.$$

Wir müssen daher durchaus die erweiterten Gleichungen benutzen, denen zufolge auf der linken Seite der Gleichung (108) noch das Glied

$$\sum_{\varrho}^{1,3}\sum_{\sigma}^{1,3} \gamma_{r\varrho\sigma}\frac{\partial L'}{\partial \overset{*}{\pi}_\sigma}\overset{*}{\pi}_\varrho$$

hinzuzufügen ist.

Durch eine etwas umständliche, aber elementare Rechnung findet man zunächst für die $\gamma_{r\varrho\sigma}$ folgende Werte:

$$\text{(109a)} \qquad \left\{\begin{array}{l} \left|\begin{array}{l|l|l} \gamma_{111}=0 & \gamma_{211}=0 & \gamma_{311}=0 \\ \gamma_{121}=0 & \gamma_{221}=0 & \gamma_{321}=-1 \\ \gamma_{131}=0 & \gamma_{231}=1 & \gamma_{331}=0 \end{array}\right\| \begin{array}{l|l|l} \gamma_{112}=0 & \gamma_{212}=0 & \gamma_{312}=1 \\ \gamma_{122}=0 & \gamma_{222}=0 & \gamma_{322}=0 \\ \gamma_{132}=-1 & \gamma_{232}=0 & \gamma_{332}=0 \end{array}\right\| \\[2ex] \qquad\qquad \left|\begin{array}{l|l|l} \gamma_{113}=0 & \gamma_{213}=-1 & \gamma_{313}=0 \\ \gamma_{123}=1 & \gamma_{223}=0 & \gamma_{323}=0 \\ \gamma_{133}=0 & \gamma_{233}=0 & \gamma_{333}=0 \end{array}\right|\,. \end{array}\right.$$

Man sieht, daß alle Größen $\gamma_{r\varrho\sigma}$ mit zwei oder drei gleichen Indizes gleich Null, alle mit drei verschiedenen Indizes dagegen entweder

-1 oder $+1$ werden. Nun sind für jeden Wert von r die neungliedrigen Summen

$$\sum_{\varrho}^{1,3}\sum_{\sigma}^{1,3}\gamma_{r\varrho\sigma}\frac{\partial L'}{\partial \overset{*}{\pi}_\sigma}\overset{*}{\pi}_\varrho$$

auszurechnen. Diese vereinfachen sich hier auf je zwei Glieder, weil von je 9 Werten γ nur zwei nach den Tabellen (110) von Null verschieden sind. So ergibt sich für $r=1$, d. h. für $\overset{*}{\pi}_1 = \overset{*}{\pi}$ der folgende einfache Ausdruck:

$$\overset{*}{\pi}_3\frac{\partial L'}{\partial \overset{*}{\pi}_2}\gamma_{132} + \overset{*}{\pi}_2\frac{\partial L'}{\partial \overset{*}{\pi}_3}\gamma_{123} = \overset{*}{\pi}_2\frac{\partial L'}{\partial \overset{*}{\pi}_3} - \overset{*}{\pi}_3\frac{\partial L'}{\partial \overset{*}{\pi}_2} = \overset{*}{\chi}\frac{\partial L'}{\partial \overset{*}{\varrho}} - \overset{*}{\varrho}\frac{\partial L'}{\partial \overset{*}{\chi}}.$$

Setzt man die Werte ein, so findet man für das Zusatzglied:

$$(C - B)\overset{*}{\chi}\overset{*}{\varrho},$$

womit in der Tat die falschen Gleichungen (108) übergehen in die richtigen Eulerschen Gleichungen (109), q. e. d.

§ 11.

Die Höldersche Transformation.[1]

Um die volle Äquivalenz des Prinzips der stationären Wirkung mit dem d'Alembertschen nachzuweisen, gingen wir in § 8 aus von dem Ausdruck der linken Seite des d'Alembertschen Prinzips:

$$\sum_{\nu}^{1,n}[(X_\nu - m_\nu \ddot{x}_\nu)\delta x_\nu + (Y_\nu - m_\nu \ddot{y}_\nu)\delta y_\nu + (Z_\nu - m_\nu \ddot{z}_\nu)\delta z_\nu],$$

wobei die δx_ν, δy_ν, δz_ν zunächst keine virtuellen Verschiebungen, der Ausdruck selbst also nicht Null zu sein brauchte. Die dort vorkommenden Variationen waren alle gekennzeichnet durch das Zeichen δ, d. h. die Zeit wurde nicht mitvariiert.

Wir wollen jetzt denselben Ausdruck transformieren, dabei aber überall statt δ den Δ-Prozeß anwenden.

Das verlangt zunächst eine Vorbemerkung. Während wir nachgewiesen haben, daß $\frac{\delta\, d x}{d t} = \frac{d\, \delta x}{d t}$ ist, wird diese, auf der Nichtvariation der unabhängigen Variabeln t beruhende Vertauschbarkeit von δ und $\frac{d}{dt}$ nicht mehr für Δ und $\frac{d}{dt}$ gelten, worauf wir bereits damals aufmerksam gemacht haben. Es handelt sich also jetzt um die Beziehung zwischen $\Delta\left(\frac{dx}{dt}\right)$ und $\frac{d(\Delta x)}{dt}$. Um diese Frage zu beantworten, ist es zweckmäßig, eine neue unabhängige Variable Θ einzuführen, von der wir x und t beide abhängen lassen; diese soll auch beim Δ-Prozeß nicht mitvariiert werden. Durch diese Parameterdarstellung von x und t führen wir also den jetzigen komplizierteren Fall auf den vorherigen einfacheren

[1] O. Hölder, Über die Prinzipien von Hamilton und Maupertuis, Nachr. d. kgl. Gesellsch. d. Wiss. zu Göttingen, math. phys. Klasse; 1896, S. 122ff.

zurück. Wir haben, wenn wir Ableitungen nach dem Parameter Θ durch Striche bezeichnen $\left(\frac{dx}{d\Theta} = x',\ \frac{dt}{d\Theta} = t'\right)$, zu setzen: $\frac{dx}{dt} = \frac{x'}{t'}$.

Wir finden der Reihe nach:

$$\Delta\left(\frac{x'}{t'}\right) = \frac{t'\,\Delta x' - x'\,\Delta t'}{t'^2} = \frac{\Delta x'}{t'} - \frac{x'}{t'}\cdot\frac{\Delta t'}{t'}$$

oder

$$\Delta\left(\frac{x'}{t'}\right) = \frac{\Delta\left(\frac{dx}{d\Theta}\right)}{\left(\frac{dt}{d\Theta}\right)} - \frac{\left(\frac{dx}{d\Theta}\right)}{\left(\frac{dt}{d\Theta}\right)}\cdot\frac{\Delta\left(\frac{dt}{d\Theta}\right)}{\left(\frac{dt}{d\Theta}\right)},$$

oder, da $\Delta\left(\frac{dx}{d\Theta}\right) = \frac{d}{d\Theta}\,\Delta x$ usw. ist, weil ja eben Θ nicht mitvariiert wird:

$$\Delta\left(\frac{dx}{dt}\right) = \Delta\left(\frac{x'}{t'}\right) = \frac{\frac{d\,\Delta x}{d\Theta}}{\frac{dt}{d\Theta}} - \left(\frac{dx}{dt}\right)\cdot\frac{\frac{d\,\Delta t}{d\Theta}}{\frac{dt}{d\Theta}} = \frac{d\,\Delta x}{dt} - \dot{x}\,\frac{d\,\Delta t}{dt}.$$

Wir finden also schließlich:

$$\Delta\left(\frac{dx}{dt}\right) = \frac{d}{dt}(\Delta x) - \dot{x}\,\frac{d\,\Delta t}{dt}. \tag{110}$$

Übrigens hätte man diese Gleichung auch direkt aus (67) ableiten können.

Nach dieser Vorbemerkung gehen wir zur Ableitung der Transformation des d'Alembertschen Ausdrucks über. Es sei die kinetische Energie eines Systems von n Massenpunkten:

$$L = \sum_{\nu}^{1,n} \frac{m_\nu}{2}\,(\dot{x}_\nu^2 + \dot{y}_\nu^2 + \dot{z}_\nu^2).$$

Wir bilden ΔL:

$$\Delta L = \Delta \sum_{\nu}^{1,n} \frac{m_\nu}{2}(\dot{x}_\nu^2 + \dot{y}_\nu^2 + \dot{z}_\nu^2) = \sum_{\nu}^{1,n} m_\nu(\dot{x}_\nu\,\Delta\dot{x}_\nu + \dot{y}_\nu\,\Delta\dot{y}_\nu + \dot{z}_\nu\,\Delta\dot{z}_\nu) \tag{111}$$

oder nach (110):

$$\begin{aligned}\Delta L = \sum_{\nu}^{1,n} m_\nu \Big[&\dot{x}_\nu\left(\frac{d\,\Delta x_\nu}{dt} - \dot{x}_\nu\,\frac{d\,\Delta t}{dt}\right) + \\ &\dot{y}_\nu\left(\frac{d\,\Delta y_\nu}{dt} - \dot{y}_\nu\,\frac{d\,\Delta t}{dt}\right) + \dot{z}_\nu\left(\frac{d\,\Delta z_\nu}{dt} - \dot{z}_\nu\,\frac{d\,\Delta t}{dt}\right)\Big] \\ = \sum_{\nu}^{1,n} m_\nu &\left(\dot{x}_\nu\,\frac{d\,\Delta x_\nu}{dt} + \dot{y}_\nu\,\frac{d\,\Delta y_\nu}{dt} + \dot{z}_\nu\,\frac{d\,\Delta z_\nu}{dt}\right) \\ &- \sum_{\nu}^{1,n} m_\nu(\dot{x}_\nu^2 + \dot{y}_\nu^2 + \dot{z}_\nu^2)\,\frac{d\,\Delta t}{dt},\end{aligned}$$

oder, unter Beachtung des Wertes von L:

$$\Delta L + 2L\,\frac{d\,\Delta t}{dt} = \sum_{\nu}^{1,n} m_\nu\left(\dot{x}_\nu\,\frac{d\,\Delta x_\nu}{dt} + \dot{y}_\nu\,\frac{d\,\Delta y_\nu}{dt} + \dot{z}_\nu\,\frac{d\,\Delta z_\nu}{dt}\right). \tag{112}$$

Die rechte Seite läßt sich — Glied für Glied — nach folgendem Schema weiter behandeln:

$$\dot{x}_\nu \frac{d\,\Delta x_\nu}{dt} = \frac{d}{dt}(\dot{x}_\nu\,\Delta x_\nu) - \ddot{x}_\nu\,\Delta x_\nu, \text{ usw.}$$

So folgt:

$$\Delta L + 2L\frac{d\,\Delta t}{dt} = \frac{d}{dt}\left[\sum_\nu^{1,n} m_\nu(\dot{x}_\nu\,\Delta x_\nu + \dot{y}_\nu\,\Delta y_\nu + \dot{z}_\nu\,\Delta z_\nu)\right]$$
$$- \sum_\nu^{1,n} m_\nu(\ddot{x}_\nu\,\Delta x_\nu + \ddot{y}_\nu\,\Delta y_\nu + \ddot{z}_\nu\,\Delta z_\nu),$$

oder:

$$(113)\quad \begin{cases} -\sum_\nu^{1,n} m_\nu(\ddot{x}_\nu\,\Delta x_\nu + \ddot{y}_\nu\,\Delta y_\nu + \ddot{z}_\nu\,\Delta z_\nu) = \Delta L + 2L\frac{d\,\Delta t}{dt} \\ \qquad - \frac{d}{dt}\left[\sum m_\nu(\dot{x}_\nu\,\Delta x_\nu + \dot{y}_\nu\,\Delta y_\nu + \dot{z}_\nu\,\Delta z_\nu\right]. \end{cases}$$

Eine Integration nach der Zeit liegt nahe; bestimmen wir gleichzeitig die Δx_ν, Δy_ν, Δz_ν — wie beim Hamiltonschen Prinzip — so, daß sie an den Grenzen des Integrals zu den Zeiten t_0 und t_1 verschwinden, so kommt das aus dem Integrale herausgetretene Glied in Fortfall, und es bleibt:

$$(114)\quad -\int_{t_0}^{t_1} dt \sum_\nu^{1,n} m_\nu(\ddot{x}_\nu\,\Delta x_\nu + \ddot{y}_\nu\,\Delta y_\nu + \ddot{z}_\nu\,\Delta z_\nu) = \int_{t_0}^{t_1}\left(\Delta L + 2L\frac{d\,\Delta t}{dt}\right)dt.$$

Bezeichnen wir ferner den Ausdruck $\sum_\nu^{1,n}(X_\nu\,\Delta x_\nu + Y_\nu\,\Delta y_\nu + Z_\nu\,\Delta z_\nu)$ mit $\Delta' A$, integrieren nach der Zeit zwischen t_0 und t_1, so haben wir:

$$(115)\quad \int_{t_0}^{t_1} dt \sum_\nu^{1,n}(X_\nu\,\Delta x_\nu + Y_\nu\,\Delta y_\nu + Z_\nu\,\Delta z_\nu) = \int_{t_0}^{t_1} \Delta' A\,dt.$$

Dann liefert Addition von (114) und (115) links den d'Alembertschen Ausdruck, nach t integriert, rechts die gesuchte Transformation desselben:

$$(116)\quad \begin{cases} \int_{t_0}^{t_1} dt\,[(X_\nu - m_\nu\ddot{x}_\nu)\,\Delta x_\nu + (Y_\nu - m_\nu\ddot{y}_\nu)\,\Delta y_\nu + (Z_\nu - m_\nu\ddot{z}_\nu)\,\Delta z_\nu] \\ = \int_{t_0}^{t_1} dt\left(\Delta L + \Delta' A + 2L\frac{d\,\Delta t}{dt}\right). \end{cases}$$

Diese Gleichung wollen wir die „Höldersche Transformation“ nennen; sie stellt die Verallgemeinerung der Gleichung (88) dar, von der sie sich nur unterscheidet, indem hier der allgemeinere Δ-Prozeß angewendet worden ist. Setzen wir also in Gleichung (116) $\Delta t = 0$, so werden die Δx_ν, ... identisch mit den δx_ν, ... und (116) geht in (88) über, woraus dann das Prinzip der stationären Wirkung folgt.

Die Bedeutung der Hölderschen Transformation liegt in folgendem: Die in (116) vorkommende Variation ist wegen des Auftretens von Δt natürlich viel allgemeiner als die frühere. Wir können daher noch irgendeine Relation zwischen den Größen Δx_ν, Δy_ν, Δz_ν und Δt vorschreiben, d. h. die in (116) vorkommenden allgemeinsten Variationen passend beschränken. Für jede gewählte Einschränkung gewinnen wir aus (116) ein neues Prinzip der Dynamik. Die radikalste Einschränkung wäre $\Delta t = 0$, und dann folgt eben das Hamiltonsche Prinzip der stationären Wirkung.

Im nächsten Paragraphen besprechen wir diejenigen Bedingungen, die aus (116) das von Euler und Maupertuis zuerst aufgestellte, aber erst von Lagrange präzise formulierte sogenannte „Prinzip der kleinsten Wirkung“ hervorgehen lassen.

§ 12.

Die verschiedenen Formen des Prinzips der kleinsten Wirkung.[1]

Wir wollen Gleichung (116) zunächst weiter behandeln, ohne irgendwelche Spezialisierung eintreten zu lassen.

Zunächst setzen wir:

$$\Delta x_\nu = \delta x_\nu + \dot{x}_\nu \Delta t, \quad \text{usw.}$$

in die linke Seite ein und erhalten:

$$(117)\quad \left\{\begin{aligned} &\int_{t_0}^{t_1} dt \sum_{\nu}^{1,n} [(X_\nu - m_\nu \ddot{x}_\nu)\delta x_\nu + (Y_\nu - m_\nu \ddot{y}_\nu)\delta y_\nu + (Z_\nu - m_\nu \ddot{z}_\nu)\delta z_\nu] \\ &+ \int_{t_0}^{t_1} dt \sum_{\nu}^{1,n} [X_\nu \dot{x}_\nu + Y_\nu \dot{y}_\nu + Z_\nu \dot{z}_\nu]\Delta t \\ &- \int_{t_0}^{t_1} dt \sum_{\nu}^{1,n} m_\nu [\ddot{x}_\nu \dot{x}_\nu + \ddot{y}_\nu \dot{y}_\nu + \ddot{z}_\nu \dot{z}_\nu]\Delta t = \int_{t_0}^{t_1} dt \left[\Delta L + \Delta' A + 2L\frac{d\Delta t}{dt}\right]. \end{aligned}\right.$$

Jetzt mögen irgendwelche Bedingungen — etwa m — vorgeschrieben sein, sagen wir etwa, um möglichst allgemein zu bleiben, nichtholonom-rheonome:

$$(118)\quad \sum_{\nu}^{1,n} (a'_{k\nu} dx_\nu + b'_{k\nu} dy_\nu + c'_{k\nu} dz_\nu + a'_\nu dt) = 0 \qquad (k = 1, 2, \ldots m).$$

Wenn wir jetzt die δx_ν, δy_ν, δz_ν, die bisher noch vollkommen frei waren, den für virtuelle Verschiebungen geltenden Bedingungen:

[1] Vgl. hierzu außer der genannten Arbeit von Hölder noch die Note von H. Brell und E. Schenkl, Über die Prinzipe von Hamilton und Maupertuis, Verhdlgn. d. Dtsch. phys. Ges. **15**, S. 1082; 1913.

$$\sum_{\nu}^{1,n}(a'_{k\nu}\,\delta x_\nu + b'_{k\nu}\,\delta y_\nu + c'_{k\nu}\,\delta z_\nu) = 0 \qquad (k = 1, 2, \ldots m)$$

unterwerfen, so verschwindet das erste Glied der linken Seite von (117), nach dem d'Alembertschen Prinzip. Die eckige Klammer des zweiten Gliedes stellt ferner offenbar die pro Zeiteinheit geleistete Arbeit $\frac{d'A}{dt}$, die des dritten Termes die Änderung der kinetischen Energie pro Zeiteinheit $\frac{dL}{dt}$ dar. Führen wir dies in (117) ein, so finden wir für virtuelle Verschiebungen folgende Aussage, die völlig äquivalent dem d'Alembertschen Prinzip, also den Bewegungsgleichungen ist:

$$\int_{t_0}^{t_1} dt\left[\Delta L + \Delta' A + 2L\frac{d\Delta t}{dt} - \frac{d'A}{dt}\Delta t + \frac{dL}{dt}\Delta t\right] = 0. \tag{119}$$

Diese Gleichung stellt demgemäß ein sehr allgemeines Prinzip der Dynamik dar, aus dem durch rein formale Prozesse die Bewegungsgleichungen gewonnen werden können.

Nach dem, was wir oben gesagt haben, können wir nun die Variationen, die in (119) vorkommen, noch in geeigneter Weise beschränken. Jede solche Nebenbedingung liefert dann ein spezielles dynamisches Prinzip.

Lagrange[1] hat nun gezeigt, daß man zu dem von Euler zuerst in speziellen Fällen ausgesprochenen Prinzip der kleinsten Wirkung gelangt, wenn man für die durch virtuelle Verschiebungen konstituierte Übergangsbahn die Gültigkeit des Energiegesetzes fordert, d. h. wenn man verlangt, daß

$$\delta L = \delta' A \tag{120}$$

sein soll. Damit ist in keiner Weise gesagt, daß das Energieprinzip für die wirkliche oder variierte Bahn Geltung haben solle, was ja auch bei rheonomen Bedingungen gar nicht der Fall ist.

Setzen wir nun zunächst einmal der Einfachheit halber skleronome (holonome oder nichtholonome) Bedingungen voraus, so gilt für die wirkliche Bewegung in der Tat die Energiegleichung: $\frac{dL}{dt} = \frac{d'A}{dt}$, und (119) vereinfacht sich zu:

$$\int_{t_0}^{t_1} dt\left[\Delta L + \Delta' A + 2L\frac{d\Delta t}{dt}\right] = 0. \tag{121}$$

Führen wir hierin die Lagrangesche „Übergangsbedingung" (120) ein, die wir auch in der folgenden Form schreiben können, in der δ durch Δ ausgedrückt ist [nach Gleichung (67)]:

[1] Vgl. auch die Darstellung bei H. v. Helmholtz, Zur Geschichte des Prinzips der kleinsten Aktion, Ges. Abhdlgn., Bd. III, S. 249.

(120a) $$\Delta L - \frac{dL}{dt}\Delta t = \Delta' A - \frac{d'A}{dt}\Delta t,$$

so liefert (121):

$$\int_{t_0}^{t_1} dt\left[2\Delta L + 2L\frac{d\Delta t}{dt}\right] = 2\int[\Delta L\,dt + L\,d\,\Delta t] = 0.$$

$\Delta L\,dt + L\,d\,\Delta t$ ist aber gleich $\Delta(L\,dt)$; also kann man nach Unterdrückung des konstanten Faktors 2 schreiben:

$$\int_{t_0}^{t_1}\Delta(L\,dt) = 0,$$

oder nach Vertauschung des Integralzeichens mit Δ:

(122) $$\Delta\int_{t_0}^{t_1} L\,dt = 0.$$

Diese Gleichung, auf deren Formulierung in Worten wir noch ausführlich zurückkommen, heißt das Prinzip der kleinsten Wirkung.

Es ist bisher abgeleitet worden unter der Voraussetzung, daß die Bedingungen skleronom seien. Lassen wir diese einschränkende Voraussetzung jetzt fallen, so ist für die wirkliche Bewegung der Energiesatz $\frac{dL}{dt} = \frac{d'A}{dt}$ nicht mehr erfüllt und wir müssen wieder von der allgemeinen Gleichung (119) ausgehen:

(119) $$\int_{t_0}^{t_1} dt\left[\Delta L + \Delta' A + 2L\frac{d\Delta t}{dt} - \frac{d'A}{dt}\Delta t + \frac{dL}{dt}\Delta t\right] = 0,$$

in die wir wieder die Lagrangesche Übergangsbedingung in der Form (120a) einzutragen haben. Es folgt:

$$\int_{t_0}^{t_1} dt\left[2\Delta L - \frac{dL}{dt}\Delta t + \frac{d'A}{dt}\Delta t + 2L\frac{d\Delta t}{dt} - \frac{d'A}{dt}\Delta t + \frac{dL}{dt}\Delta t\right] = 0,$$

oder

$$\int_{t_0}^{t_1}[\Delta L\,dt + L\,d\,\Delta t] = 0,$$

oder wie oben:

(122) $$\Delta\int_{t_0}^{t_1} L\,dt = 0,$$

d. h. das Prinzip der kleinsten Wirkung, das jetzt unter den allgemeinsten Voraussetzungen bewiesen ist.

$\int_{t_0}^{t_1} L\,dt$ ist, abgesehen von einem irrelevanten konstanten Faktor, der zeitliche Mittelwert der kinetischen Energie. Wir können also sagen:

„Für die wirkliche Bewegung ist der zeitliche Mittelwert der kinetischen Energie stationär, d. h. ein Maximum, Minimum oder Sattelwert." Die wirkliche Bahn wird dabei verglichen mit solchen variierten Bahnen, die zu den Zeiten t_0 und t_1 Anfangs- und Endpunkt mit ihr gemeinsam haben, und außerdem der Bedingung genügen, daß für den Übergang von der wirklichen zu einer variierten Bewegung das Energieprinzip gilt. Ohne diesen Zusatz ist die erste Aussage sinnlos.

Genauer wollen wir (122) als die weitere Form des Prinzips der kleinsten Wirkung bezeichnen. Bei dieser ist, um es nochmals hervorzuheben, nicht vorausgesetzt, daß für die wirkliche (und variierte) Bahn das Energieprinzip gilt, nur für die Übergangsbewegung wird die Gültigkeit desselben erfordert.

Eine engere Form des genannten Prinzips gewinnen wir, wenn wir auch für die wirkliche Bewegung das Energieprinzip voraussetzen, und zwar in der Form (als Energieintegral):

$$L + \Phi = h. \tag{123}$$

Dann kann man nach Jacobi[1] folgendermaßen vorgehen: Aus der Gleichung (122) wird die Zeit t und das Zeitdifferential dt eliminiert. Setzen wir L der Allgemeinheit halber gleich in allgemeinen Koordinaten q_k und Geschwindigkeiten $\dot{q}_k$ an (nämlich als homogene quadratische Form der letzteren):

$$2L = \sum_i^{1,N} \sum_k^{1,N} a_{ik} \frac{dq_i}{dt} \frac{dq_k}{dt}, \tag{124}$$

so ergibt sich für dt^2:

$$dt^2 = \frac{\sum_{i,k} a_{ik}\, dq_i\, dq_k}{2L},$$

oder nach (123):

$$dt = \sqrt{\frac{\sum a_{ik}\, dq_i\, dq_k}{2(h-\Phi)}}. \tag{125}$$

dt ist daher, da Φ nur von den q_k abhängt, durch rein geometrische Größen ausgedrückt.

Ebenso ersetzen wir in (122) L durch $(h-\Phi)$ und erhalten statt (122):

$$\Delta \int \sqrt{\frac{h-\Phi}{2}} \cdot \sqrt{\sum a_{ik}\, dq_i\, dq_k} = 0. \tag{126}$$

Dabei sind in den Grenzen des Integrals die Zeiten t_0 und t_1 natürlich auch durch geometrische Angaben zu ersetzen, nämlich durch Angabe der Lage des Systems zu diesen Zeiten.

Gleichung (126) ist die Jacobische Form des Prinzips der kleinsten Wirkung, die nach dem obigen nur gültig ist, wenn für die wirkliche Bahn das Energieintegral gilt, d. h. nur für sogenannte

[1] C. G. J. Jacobi, Vorlesungen über Dynamik, Werke, Supplementband 1884; 6. Vorlesung.

vollständige Systeme. Gerade in der Mechanik aber hat man es in der Hauptsache mit unvollständigen Systemen zu tun, und die Anwendbarkeit von (126) ist daher eine beschränkte. Jacobis Irrtum, wenn man so sagen darf, bestand darin, daß er diese Form für die allein legitime hielt, während in Wirklichkeit (122) weit allgemeiner gültig ist.

Der Umstand, daß das Jacobische Prinzip für die wirkliche Bahn das Energieintegral voraussetzt, erzwingt es nun, daß wegen der Lagrangeschen Übergangsbedinguug (120) auch für die variierte Bahn das Energieintegral erfüllt ist. Denn für jeden Punkt P der wirklichen Bahn hat die Energie den Wert $L + \Phi = h$, d. h. gleich einer Konstanten. Gehe ich zu dem zugeordneten Punkte P' der variierten Bahn über, so ist nach Lagrange $\delta h = 0$, d. h. dem Punkte P' entspricht derselbe Wert der Energie, wie P. So kann man es für jeden Punkt der wirklichen und variierten Bahn machen, und da für alle Punkte der wahren Bahn h denselben Wert hat, gilt dies auch für die variierte Bahn. Es ist dies derselbe Gedankengang, mit Hilfe dessen wir früher bewiesen haben, daß, wenn für die wahre Bahn eine holome Bedingungsgleichung erfüllt wird, dies auch von der variierten Bahn geschieht, weil es für die Übergangsbahn der Fall ist.

Die Bewegungsgleichungen ergeben sich aus der weiteren Form (122), indem man den zur Ableitung benutzten Gedankengang rückwärts durchläuft. Wir gehen darauf nicht ein. Dagegen wollen wir zeigen, wie tatsächlich die Jacobische Form (126) zu den Bewegungsgleichungen für ein vollständiges System führt. Und zwar wollen wir dies für kartesische Koordinaten ausführen, die wir hier der bequemeren Schreibweise wegen nicht durch $x_1\, y_1\, z_1 \ldots x_n\, y_n\, z_n$, sondern fortlaufend durch $x_1\, x_2\, x_3\, x_4\, x_5 \ldots$ allgemein durch x_i bezeichnen wollen. Dann ist L von folgender Form:

$$L = \tfrac{1}{2} \sum m_i \left(\frac{d x_i}{d t}\right)^2,$$

und aus (126) folgt:

$$\Delta \int \sqrt{\frac{h - \Phi}{2}} \sqrt{\sum m_i\, d x_i^2} = 0\,. \tag{127}$$

Es ist hier zweckmäßig, die x_i als Funktionen eines Parameters Θ aufzufassen, der von der Variation nicht betroffen wird. Damit schreibt sich (127):

$$\Delta \int\limits_{\Theta_0}^{\Theta_1} \sqrt{\frac{h - \Phi}{2}} \sqrt{\sum m_i \left(\frac{d x_i}{d \Theta}\right)^2}\, d\Theta = 0\,. \tag{127a}$$

Bezeichnen wir, wie schon früher, die Ableitungen nach dem Parameter durch einen Strich, so ergibt sich die allgemeine Form des in (127a) enthaltenen Variationsprinzips:

$$\Delta \int\limits_{\Theta_0}^{\Theta_1} F(x_i, x_i')\, d\Theta = 0\,. \tag{128}$$

wo

(129) $$F(x_i, x_i') = \sqrt{\frac{h-\Phi}{2}}\sqrt{\sum_i m_i x_i'^2}$$

gesetzt ist. Durch Entwicklung von (128) folgt:

(130) $$\int_{\Theta_0}^{\Theta_1} d\Theta\, \Delta F = \int_{\Theta_0}^{\Theta_1} d\Theta \left[\sum_i \frac{\partial F}{\partial x_i} \Delta x_i + \sum_i \frac{\partial F}{\partial x_i'} \Delta x_i'\right] = 0.$$

Das zweite Glied mit $\Delta x_i'$ wird durch partielle Integration umgestaltet:

$$\int_{\Theta_0}^{\Theta_1} \frac{\partial F}{\partial x_i'} \Delta x_i' \, d\Theta = \int \frac{\partial F}{\partial x_i'} \frac{d\,\Delta x_i}{d\Theta} d\Theta = \overline{\frac{\partial F}{\partial x_i} \Delta x_i}\Big|_{\Theta_0}^{\Theta_1} - \int_{\Theta_0}^{\Theta_1} \frac{d}{d\Theta}\left(\frac{\partial F}{\partial x_i'}\right) \Delta x_i \, d\Theta.$$

Das aus dem Integral herausgetretene Glied fällt fort, weil die Δx_i an den Grenzen verschwinden sollen, wie bisher. Damit wird (130):

(131) $$\int_{\Theta_0}^{\Theta_1} d\Theta \sum_i \left[\frac{\partial F}{\partial x_i} - \frac{d}{d\Theta}\left(\frac{\partial F}{\partial x_i'}\right)\right] \Delta x_i = 0.$$

Nehmen wir etwa den einfachsten Fall, daß keine Bedingungen existieren, so folgt durch die schon häufig angewandte Schlußweise:

(132) $$\frac{\partial F}{\partial x_i} - \frac{d}{d\Theta}\left(\frac{\partial F}{\partial x_i'}\right) = 0$$

für alle Werte von i.

Daß dies wirklich die Bewegungsgleichungen für ein vollständiges System sind, erkennt man, wenn man mit Hilfe des Wertes von F in (129) die Differentiationen ausführt. Man hat zunächst:

(133) $$\frac{\partial F}{\partial x_i} = \frac{-\frac{1}{2}\frac{\partial \Phi}{\partial x_i}\sum m_i x_i'^2}{2\sqrt{\frac{h-\Phi}{2}\cdot \sum m_i x_i'^2}}.$$

Nun war aber:

$$2L = \sum m_i \left(\frac{d x_i}{d\Theta}\right)^2 \left(\frac{d\Theta}{dt}\right)^2 = \sum m_i x_i'^2 \left(\frac{d\Theta}{dt}\right)^2;$$

also ist:

$$\sum m_i x_i'^2 = 2L\left(\frac{dt}{d\Theta}\right)^2 = 2(h-\Phi)\left(\frac{dt}{d\Theta}\right)^2.$$

Das in Gleichung (133) eingesetzt, liefert:

(134) $$\frac{\partial F}{\partial x_i} = -\frac{1}{2}\frac{\partial \Phi}{\partial x_i}\left(\frac{dt}{d\Theta}\right).$$

Ferner ist nach (129):

$$\frac{\partial F}{\partial x_i'} = \frac{\sqrt{\frac{h-\Phi}{2}}\, m_i x_i'}{\sqrt{\sum m_i x_i'^2}} = \sqrt{\frac{\frac{h-\Phi}{2}}{2(h-\Phi)\left(\frac{dt}{d\Theta}\right)^2}}\, m_i x_i'$$

$$= \frac{1}{2} m_i \frac{d x_i}{d\Theta}\frac{d\Theta}{dt} = \frac{1}{2} m_i \frac{d x_i}{dt};$$

also hat man endlich:

(135) $$\frac{d}{d\Theta}\left(\frac{\partial F}{\partial x_i'}\right) = \frac{m_i}{2}\frac{d}{d\Theta}\left(\frac{d x_i}{d t}\right).$$

(134) und (135) in Gleichung (132) eingesetzt, liefern:

$$\frac{\partial \Phi}{\partial x_i}\frac{dt}{d\Theta} + m_i \frac{d}{d\Theta}\left(\frac{d x_i}{d t}\right) = 0\,,$$

oder

$$\frac{\partial \Phi}{\partial x_i} + m_i \frac{d}{d\Theta}\left(\frac{d x_i}{d t}\right)\frac{d\Theta}{dt} = 0\,,$$

oder endlich

$$m_i \frac{d^2 x_i}{d t^2} = -\frac{\partial \Phi}{\partial x_i}\,,$$

was zu beweisen war.

Man kann das Prinzip der kleinsten Wirkung noch in eine andere Form bringen. Nennt man die Geschwindigkeit des i^{ten} Massenpunktes $v_i = \frac{d s_i}{d t}$, wo $d s_i$ das Bahnelement desselben Massenpunktes bedeutet, so kann die Gleichung (122) geschrieben werden:

$$\Delta\int L\,dt = \frac{1}{2}\,\Delta\int\sum m_i v_i \frac{d s_i}{d t}\,d t = \frac{1}{2}\,\Delta\int\sum m_i v_i\,d s_i = 0\,,$$

oder nach Streichung des konstanten Faktors 2:

(136) $$\Delta\int\sum m_i v_i\,d s_i = 0\,.$$

Diese Gleichung hat dem Prinzip seinen Namen gegeben, da man früher den Ausdruck $m_i v_i d s_i$ als die „Wirkung“ zu bezeichnen pflegte. Freilich ist es keineswegs immer der Fall, daß die Gesamtwirkung $\int\sum m_i v_i d s_i$ ein Minimum ist, wie das Epitheton „kleinste“ Wirkung vermuten lassen könnte; aber diese Fragen, die für die Variationsrechnung von Interesse sind, spielen für die Dynamik keine Rolle.

In dem speziellen Falle eines Massenpunktes folgt daraus:

(137) $$\Delta\int_{s_0}^{s_1} m\,v\,ds = 0\,,$$

und wenn derselbe auch noch kräftefrei ist, so folgt, da dann seine Geschwindigkeit v konstant bleibt:

(138) $$\Delta\int_{s_0}^{s_1} ds = 0\,.$$

Diese Gleichung ist einer einfachen physikalischen Deutung fähig: $\int_{s_0}^{s_1} ds$ ist die Länge der Bahn, die das kräftefreie Teilchen zwischen den Punkten s_0 und s_1 zurücklegt. Diese Länge soll nach (138) stets ein Extremwert, im einfachsten Falle (der stets zutrifft, wenn die Punkte s_0 und s_1 nahe genug aneinander liegen) ein Minimum sein. Der kürzeste Weg zwischen zwei Punkten ist aber die gerade Linie; so liefert (138) unmittelbar die Aussage, daß ein kräftefreier Massenpunkt sich geradlinig bewegt.

Im vorhergehenden ist stillschweigend angenommen, daß der kräftefreie Massenpukt keiner kinematischen Bedingung unterworfen ist. Ist jedoch eine solche vorgeschrieben, so wird der Massenpunkt natürlich im allgemeinen auf der ihm dadurch vorgeschriebenen Fläche keine gerade Linie mehr beschreiben können. Dennoch hat natürlich die Kurve, die auf der Fläche zwischen zwei hinreichend nahe gelegenen Punkten s_0 und s_1 beschrieben wird, auch die durch Gleichung (138) ausgedrückte „Minimumseigenschaft". Solche Kurven heißen „geodätische" oder nach Hertz „geradeste". Ihre Gleichung ist leicht zu erhalten. Wir fassen in (138) die x_i als Funktionen eines Parameters Θ auf, womit diese Gleichung geschrieben werden kann, da $ds^2 = dx_1{}^2 + dx_2{}^2 + dx_3{}^2$ ist:

$$\Delta \int\limits_{\Theta_0}^{\Theta_1} \sqrt{x_1'^2 + x_2'^2 + x_3'^2}\, d\Theta = 0. \tag{138a}$$

Multiplizieren wir ferner die vorgeschriebene Bedingungsgleichung $\varphi = 0$ mit $d\Theta$, integrieren zwischen denselben Grenzen, wie in (138a), so erhalten wir:

$$\int\limits_{\Theta_0}^{\Theta_1} \varphi\, d\Theta = 0. \tag{138b}$$

Diese Gleichung ist gleichzeitig mit (138a) zu erfüllen. Wir multiplizieren diese Gleichung mit einem unbekannten Faktor λ und addieren sie zu dem in (138a) stehenden Integral. Die Variation des so entstehenden neuen Integrals muß dann verschwinden. Das gibt also:

$$\Delta \int\limits_{\Theta_0}^{\Theta_1} \{\sqrt{x_1'^2 + x_2'^2 + x_3'^2} + \lambda\varphi\}\, d\Theta = \Delta \int\limits_{\Theta_0}^{\Theta_1} F(x_i\, x_i')\, d\Theta = 0.$$

Dann haben wir ein Integral von der Form (128), und die Ausführung der Variation liefert die Gleichungen:

$$\frac{\partial F}{\partial x_i} = \frac{d}{d\Theta}\left(\frac{\partial F}{\partial x_i'}\right).$$

Die Ausführung z. B. für x_1 liefert dann:

$$\lambda \frac{\partial \varphi}{\partial x_1} = \frac{d}{d\Theta}\left(\frac{x_1'}{\sqrt{x_1'^2 + x_2'^2 + x_3'^2}}\right).$$

Wenn wir nun als Parameter Θ die Bogenlänge s wählen, so wird offenbar $\sqrt{x_1'^2 + x_2'^2 + x_3'^2} = 1$, und die obige Gleichung geht über in:

$$\frac{d^2 x_1}{d s^2} = \lambda \frac{\partial \varphi}{\partial x_1},$$

wozu noch zwei entsprechende für x_2 und x_3 hinzukommen. Dies sind die Gleichungen der geodätischen Linie auf der Fläche $\varphi = 0$, die der Massenpunkt beschreibt.

Die Form (138) läßt sich auch für ein kräftefreies System erhalten. Wir gehen zu diesem Zwecke von der Jacobischen Gleichung (127) aus, in der wegen der vorausgesetzten Kräftefreiheit der Faktor $\sqrt{\frac{h - \Phi}{2}}$ konstant ist, also gestrichen werden kann. Es bleibt:

$$\Delta \int \sqrt{\sum m_i \, d x_i^2} = 0 .$$

Heinrich Hertz[1] definiert nun in seiner Mechanik folgendermaßen:

$$d s^2 \sum m_i = \sum m_i \, d x_i^2 . \tag{139}$$

$d s^2$ ist also ein quadratischer Mittelwert, den Hertz als das „Quadrat des Bahnelementes des Systems" bezeichnet. Damit wird die Jacobische Form wieder zu:

$$\Delta \int d s = 0 . \tag{140}$$

Hertz nennt diese Formel (140) in Verbindung mit seiner Definition von ds, die in (139) enthalten ist, das Prinzip der geradesten Bahn.

Es ist nun von Interesse, daß man diese nämliche Form auch noch erzwingen kann, wenn konservative Kräfte wirken. Man hat zu dem Zwecke einfach die Hertzsche Definition (139) zu erweitern:

$$d \sigma^2 \sum m_i = \left(\frac{h - \Phi}{2}\right) \sum m_i \, d x_i^2 . \tag{141}$$

Indem man $d\sigma$ als „Bahnelement des Systems" deutet — die Art seiner Zusammensetzung aus den $d x_i$ ist freilich nicht mehr die euklidische gemäß dem pythagoreischen Lehrsatze — ergibt sich offenbar wiederum:

$$\Delta \int d \sigma = 0 . \tag{142}$$

Man kann also rein formal die Bewegung eines Systems im euklidischen Raume unter dem Einfluß konservativer Kräfte zurückführen auf die Bewegung eines kräftefreien Systems in einer im allgemeinen nichteuklidischen Mannigfaltigkeit.

Dieser Gesichtspunkt hat viel Ähnlichkeit mit dem Auftreten der nichteuklidischen Geometrien in der allgemeinen Relativitätstheorie von Einstein.

[1] H. Hertz, Die Prinzipien der Mechanik, S. 69.

§ 13.

Die kanonischen Gleichungen von Hamilton.

Hamilton hat die Lagrangeschen Gleichungen (95) in zweckmäßiger Weise transformiert und so ein System von besonderer Symmetrie erhalten, das sich für alle feineren Untersuchungen der Dynamik, Elektrodynamik und statistischen Mechanik, insbesondere in der Hand von Maxwell, Boltzmann und Gibbs, bewährt hat. Wir gehen zur Ableitung dieser Gleichungen über.

Die Lagrangeschen Gleichungen lauten:

$$\frac{d}{dt}\left(\frac{\partial L}{\partial \dot{q}_k}\right) - \frac{\partial L}{\partial q_k} = Q_k . \tag{95}$$

Jetzt setzen wir die Existenz eines Potentials Φ voraus, womit Q_k in $-\frac{\partial \Phi}{\partial q_k}$ übergeht. Also kann man (95) schreiben:

$$\frac{d}{dt}\left(\frac{\partial L}{\partial \dot{q}_k}\right) - \frac{\partial}{\partial q_k}(L - \Phi) = 0 ,$$

oder auch, da Φ nur von den q_k, nicht von den $\dot{q}_k$ abhängt, indem man das verschwindende Glied $-\frac{\partial \Phi}{\partial \dot{q}_k}$ links hinzuaddiert:

$$\frac{d}{dt}\left(\frac{\partial (L - \Phi)}{\partial \dot{q}_k}\right) - \frac{\partial}{\partial q_k}(L - \Phi) = 0 ,$$

oder, wenn man jetzt für die Differenz $L - \Phi$ den Buchstaben H, das schon früher so genannte „kinetische Potential“, einführt:

$$\frac{d}{dt}\left(\frac{\partial H}{\partial \dot{q}_k}\right) - \frac{\partial H}{\partial q_k} = 0 \quad (k = 1, 2 \ldots N) . \tag{143}$$

Die Ausdrücke $\frac{\partial H}{\partial \dot{q}_k}$ haben eine einfache physikalische Bedeutung, die man sich durch eine Dimensionsbetrachtung klar machen kann. H ist von der Dimension einer Energie, $[M L^2 T^{-2}]$; nehmen wir einen Augenblick an, q_k sei von der Dimension einer Länge, was ja z. B. für kartesische Koordinaten der Fall ist, so ist $\dot{q}_k$ von der Dimension einer Geschwindigkeit $[L T^{-1}]$, und $\frac{\partial H}{\partial \dot{q}_k}$ wird dann von der Dimension $[M L T^{-1}]$, d. h. von der Dimension eines Impulses. In der Tat fällt $\frac{\partial H}{\partial \dot{q}_k}$ für kartesische Koordinaten mit den Impulskomponenten zusammen, wovon man sich durch Ausrechnung überzeugen kann. Genau ebenso nun, wie man die q_k und $\dot{q}_k$ als allgemeine Koordinaten und Geschwindigkeiten bezeichnet, auch wenn sie nicht die Dimensionen von Länge und Geschwindigkeit haben, genau so ferner, wie man die Größen Q_k als die allgemeinen Kraftkomponenten bezeichnet, nennt man die Größen $\frac{\partial H}{\partial \dot{q}_k}$

die „allgemeinen Impulskomponenten" und bezeichnet sie im allgemeinen durch den Buchstaben p_k:

(144) $$\frac{\partial H}{\partial \dot{q}_k} = p_k \quad (k = 1, 2 \ldots N).$$

Die Lagrangeschen Gleichungen lauten demnach:

(145) $$\frac{\partial H}{\partial q_k} = \frac{d p_k}{d t}.$$

Wir betrachten nun eine Variation δ von $H(q_k \dot{q}_k)$, die ausführlich geschrieben lautet:

$$\delta H = \sum_k \frac{\partial H}{\partial q_k} \delta q_k + \sum_k \frac{\partial H}{\partial \dot{q}_k} \delta \dot{q}_k,$$

oder, nach (144) und (145):

(146) $$\delta H = \sum_k \frac{d p_k}{d t} \delta q_k + \sum_k p_k \delta \dot{q}_k.$$

Bildet man ferner:

$$\delta \sum_k p_k \dot{q}_k = \sum_k p_k \delta \dot{q}_k + \sum_k \dot{q}_k \delta p_k,$$

so folgt:

(147) $$\sum_k p_k \delta \dot{q}_k = \delta \sum_k p_k \dot{q}_k - \sum_k \dot{q}_k \delta p_k,$$

was in (146) eingesetzt gibt:

$$\delta H = \sum_k \frac{d p_k}{d t} \delta q_k + \delta \sum_k p_k \dot{q}_k - \sum_k \dot{q}_k \delta p_k,$$

oder:

(148) $$\delta \left(H - \sum p_k \dot{q}_k\right) = \sum_k \frac{d p_k}{d t} \delta q_k - \sum_k \frac{d q_k}{d t} \delta p_k.$$

Betrachten wir nun die Funktion $H - \sum p_k \dot{q}_k = R$ als abhängig von den Größen p_k und q_k, so kann man ferner für die Variation von R, betrachtet als Funktion eben dieser Variabeln, schreiben:

(149) $$\delta R = \sum_k \frac{\partial R}{\partial p_k} \delta p_k + \sum_k \frac{\partial R}{\partial q_k} \delta q_k$$

und der Vergleich mit (148) ergibt das Doppelsystem von Gleichungen:

(150) $$\frac{d p_k}{d t} = \frac{\partial R}{\partial q_k}; \qquad - \frac{d q_k}{d t} = \frac{\partial R}{\partial p_k},$$

deren eigentümliche Symmetrie in die Augen springt.

Die Gleichungen (150) sind die **Hamiltonschen Gleichungen der Dynamik**. Sie sind den Lagrangeschen in der Form (143) gleichwertig. Unter Umständen kann man die Hamiltonschen Gleichungen noch vereinfachen, indem die Funktion R, das „modifizierte kinetische

Potential" eine fundamentale physikalische Bedeutung gewinnt, nämlich die der negativen Gesamtenergie. Dies ist dann und nur dann der Fall, wenn die kinetische Energie L eine homogene quadratische Form der Geschwindigkeitskomponenten $\dot{q}_k$ ist, was nicht immer der Fall zu sein braucht. Die Fälle, in denen diese Forderung erfüllt ist, nennt man „natürliche" Probleme. Setzen wir jetzt solche voraus, so ist nach (144):

$$\sum p_k \dot{q}_k = \sum \frac{\partial H}{\partial \dot{q}_k} \dot{q}_k,$$

oder, da $H = L - \Phi$, wo Φ nicht von $\dot{q}_k$ abhängt:

$$\sum_k p_k \dot{q}_k = \sum \frac{\partial L}{\partial \dot{q}_k} \dot{q}_k.$$

Da ferner jetzt nach Voraussetzung L eine homogene quadratische Form der Geschwindigkeiten $\dot{q}_k$ ist, so ist nach dem Eulerschen Theorem über homogene Funktionen:

$$\sum_k \frac{\partial L}{\partial \dot{q}_k} \dot{q}_k = 2L.$$

Also ist $\sum p_k \dot{q}_k = 2L$, und R wird der Reihe nach gleich:

(151) $$R = H - \sum_k p_k \dot{q}_k = L - \Phi - 2L = -(L + \Phi) = -E,$$

wenn man mit E die Gesamtenergie bezeichnet, aufgefaßt als Funktion der sogenannten „kanonischen Variabeln" p_k und q_k. Die Gleichungen (150) werden damit:

(152) $$-\frac{d p_k}{d t} = +\frac{\partial E}{\partial q_k}; \qquad \frac{d q_k}{d t} = +\frac{\partial E}{\partial p_k}.$$

Dies ist die gewöhnlich verwendete Form der Hamiltonschen Gleichungen, die sogenannte kanonische Form der Gleichungen der Dynamik. Ihr Gültigkeitsbereich ist aber gegenüber (150) durch die Forderung, daß ein „natürliches" Problem vorliegen muß, eingeschränkt.

Es wird nützlich sein, sich am Beispiel der kartesischen Koordinaten die Bedeutung der kanonischen Gleichungen klar zu machen. Nehmen wir etwa einen Massenpunkt, der durch eine elastische Kraft in seine Ruhelage zurückgezogen wird. Dafür ist:

$$L = \frac{m}{2}(\dot{x}^2 + \dot{y}^2 + \dot{z}^2), \qquad \Phi = \frac{k^2}{2}(x^2 + y^2 + z^2).$$

Die Impulse sind:

$$p_1 = m\dot{x}; \quad p_2 = m\dot{y}; \quad p_3 = m\dot{z},$$

also E als Funktion der Impulse und Koordinaten:

$$E = \frac{1}{2m}(p_1{}^2 + p_2{}^2 + p_3{}^2) + \frac{k^2}{2}(x^2 + y^2 + z^2),$$

dann ist nach (152):

$$-\frac{d p_1}{d t} = -m\ddot{x} = \frac{\partial E}{\partial x} = k^2 x,$$

usw., ebenso:

$$\frac{d q_1}{d t} = \frac{d x}{d t} = \frac{p_1}{m}.$$

Die zweite Gleichung (152) definiert also die Impulse, die erste liefert die eigentlichen Bewegungsgleichungen.

§ 14.

Allgemeine Variation der Hamiltonschen Prinzipalfunktion.

Bereits beim Prinzip der stationären Wirkung wird man unter Voraussetzung der Existenz einer potentiellen Energie Φ auf das Integral

$$S = \int_{t_0}^{t_1} (L - \Phi)\, d t = \int_{t_0}^{t_1} H\, d t \tag{153}$$

geführt. Das Prinzip der stationären Wirkung besteht ja geradezu darin, daß der δ-Prozeß, angewendet auf jenes Integral, unter gewissen Voraussetzungen über das Verhalten an den Grenzen, den Wert Null liefert.

Hamilton hat diese Funktion S, die er die „Prinzipalfunktion“ nennt, in ganz allgemeiner Weise variiert, ohne irgendwelche Bedingungen an den Grenzen vorzuschreiben; gleichzeitig wird auch Variation der Zeit zugelassen. Er hat also, kurz gesagt, auf S den Δ-Prozeß angewendet und daraus wichtige Ergebnisse für die allgemeine Dynamik gewonnen.

Wir bilden also $\Delta S = \Delta \int_{t_0}^{t_1} H\, d t$. Es folgt zunächst:

$$\Delta \int_{t_0}^{t_1} H\, d t = \int_{t_0}^{t_1} \Delta H\, d t + \int_{t_0}^{t_1} H\, d\Delta t,$$

oder, wenn man H als Funktion der q_k und $\dot{q}_k$ betrachtet — die Summenzeichen lassen wir bis ganz zum Schlusse der Rechnung der Übersichtlichkeit halber fort —:

$$\Delta S = \int \frac{\partial H}{\partial q_k} \Delta q_k\, d t + \int \frac{\partial H}{\partial \dot{q}_k} \Delta \dot{q}_k\, d t + \int H\, d\Delta t.$$

Nach Gleichung (110) ist aber, weil beim Δ-Prozeß die unabhängige Variable t mitvariiert wird:

$$\Delta \dot{q}_k \equiv \Delta\left(\frac{d q_k}{d t}\right) = \frac{d}{d t}(\Delta q_k) - \dot{q}_k \frac{d \Delta t}{d t};$$

also folgt weiter:

$$\Delta S = \int \frac{\partial H}{\partial q_k} \Delta q_k \, dt + \int \frac{\partial H}{\partial \dot q_k} \frac{d \Delta q_k}{dt} dt - \int \frac{\partial H}{\partial \dot q_k} \dot q_k \, d \, \Delta t + \int H \, d \, \Delta t,$$

oder, das dritte und vierte Glied zusammengefaßt:

$$\Delta S = \int \frac{\partial H}{\partial q_k} \Delta q_k \, dt + \int \frac{\partial H}{\partial \dot q_k} \frac{d \Delta q_k}{dt} dt + \int \left(H - \frac{\partial H}{\partial \dot q_k} \dot q_k\right) d \, \Delta t. \tag{154}$$

Jetzt wird zunächst das zweite, dann das dritte Integral durch partielle Integration umgestaltet. Das gibt:

$$\int \frac{\partial H}{\partial \dot q_k} \frac{d \Delta q_k}{dt} dt = \left[\frac{\partial H}{\partial \dot q_k} \Delta q_k\right]_{t_0}^{t_1} - \int \frac{d}{dt} \left(\frac{\partial H}{\partial \dot q_k}\right) \Delta q_k \, dt, \tag{155}$$

sowie:

$$\int \left(H - \frac{\partial H}{\partial \dot q_k} \dot q_k\right) d \, \Delta t = \left[\left(H - \frac{\partial H}{\partial \dot q_k} \dot q_k\right) \Delta t\right]_{t_0}^{t_1} - \int \frac{d}{dt} \left[H - \frac{\partial H}{\partial \dot q_k} \dot q_k\right] \Delta t \, dt. \tag{156}$$

Setzt man beide Resultate in Gleichung (154) ein, so erhält man:

$$\left\{\begin{aligned} \Delta S = & \int \frac{\partial H}{\partial q_k} \Delta q_k \, dt - \int \frac{d}{dt} \left(\frac{\partial H}{\partial \dot q_k}\right) \Delta q_k \, dt \\ & - \int \frac{d}{dt} \left(H - \frac{\partial H}{\partial \dot q_k} \dot q_k\right) \Delta t \, dt \\ & + \left[\left(H - \frac{\partial H}{\partial \dot q_k} \dot q_k\right) \Delta t + \frac{\partial H}{\partial \dot q_k} \Delta q_k\right]_{t_0}^{t_1}. \end{aligned}\right. \tag{157}$$

Im dritten Gliede wird die Differentiation nach t ausgeführt:

$$\frac{d}{dt} \left(H - \frac{\partial H}{\partial \dot q_k} \dot q_k\right) = \frac{\partial H}{\partial q_k} \dot q_k - \frac{d}{dt} \left(\frac{\partial H}{\partial \dot q_k}\right) \cdot \dot q_k. \tag{158}$$

Mit (157) kombiniert, gibt das:

$$\left\{\begin{aligned} \Delta S = & \int \frac{\partial H}{\partial q_k} \Delta q_k \, dt - \int \frac{d}{dt} \left(\frac{\partial H}{\partial \dot q_k}\right) \Delta q_k \, dt - \int \frac{\partial H}{\partial q_k} \dot q_k \, \Delta t \, dt \\ & + \int \frac{d}{dt} \left(\frac{\partial H}{\partial \dot q_k}\right) \dot q_k \Delta t \, dt + \left[\left(H - \frac{\partial H}{\partial \dot q_k} \dot q_k\right) \Delta t + \frac{\partial H}{\partial \dot q_k} \Delta q_k\right]_{t_0}^{t_1}. \end{aligned}\right. \tag{159}$$

Durch geeignete Zusammenfassung folgt weiter, wenn wir jetzt die Summenzeichen überall hinzusetzen:

$$\begin{aligned} \Delta S = & \int \sum_k \left[\frac{\partial H}{\partial q_k} - \frac{d}{dt} \left(\frac{\partial H}{\partial \dot q_k}\right)\right] \{\Delta q_k - \dot q_k \Delta t\} \, dt \\ & + \left[\left(H - \sum_k \frac{\partial H}{\partial \dot q_k} \dot q_k\right) \Delta t + \sum_k \frac{\partial H}{\partial \dot q_k} \Delta q_k\right]_{t_0}^{t_1}, \end{aligned}$$

Da nun $\Delta q_k - \dot q_k \Delta t = \delta q_k$ ist, kann jetzt noch einfacher geschrieben werden:

$$(160)\quad \begin{cases} \Delta S = \int\limits_{t_0}^{t_1} \sum\limits_k \left[\frac{\partial H}{\partial q_k} - \frac{d}{dt}\left(\frac{\partial H}{\partial \dot q_k}\right)\right] \delta q_k \cdot dt \\ \qquad + \left[\left(H - \sum\limits_k \frac{\partial H}{\partial \dot q_k} \dot q_k\right) \Delta t + \sum\limits_k \frac{\partial H}{\partial \dot q_k} \Delta q_k\right]_{t_0}^{t_1}. \end{cases}$$

Dies ist die Fundamentalformel Hamiltons, an die sich seine weiteren Schlüsse anknüpfen.

§ 15.

Die Hamiltonsche Differentialgleichung für die Prinzipalfunktion und die Integrale der Bewegungsgleichungen.

Wir wollen nun annehmen, die Koordinaten q_k seien unabhängig voneinander. Dies bedeutet offenbar, daß das System ein holonomes ist; denn bei einem solchen läßt sich dies durch geeignete Wahl der Koordinaten stets erreichen. Dann gelten die Lagrangeschen Gleichungen und das erste Integral in (160) verschwindet. Es bleibt:

$$(161)\qquad \Delta S = \left[\left(H - \sum_k \frac{\partial H}{\partial \dot q_k} \dot q_k\right) \Delta t + \sum_k \frac{\partial H}{\partial \dot q_k} \Delta q_k\right]_{t_0}^{t_1}.$$

$H - \sum\limits_k \frac{\partial H}{\partial \dot q_k} \dot q_k = H - \sum\limits_k p_k \dot q_k$ ist nichts anderes, als die im § 13 eingeführte Funktion R; setzen wir also ein „natürliches" Problem voraus, so ist $R = -E$, wo E die Gesamtenergie bedeutet. Damit wird (161), ausführlich geschrieben:

$$(162)\qquad \Delta S = E_0 \Delta t_0 - E_1 \Delta t_1 + \sum p_k^1 \Delta q_k^1 - \sum p_k^0 \Delta q_k^0,$$

wenn wir mit p_k^0 und p_k^1 die Werte der Impulskomponenten zu den Zeiten t_0 und t_1 bezeichnen, und die Indizes an den andern Größen das Analoge bedeuten.

Durch das Zeichen Δ ordnen wir natürlich der wahren Bahn wieder eine variierte Bahn zu, die bisher in keiner Weise beschränkt ist. Wir wollen aber jetzt nach Hamilton folgendes festsetzen:

1. Die Nachbarbahn soll ebenfalls im Zeitpunkte $t = t_0$ beginnen; d. h. wir setzen für das Folgende stets $\Delta t_0 = 0$;

2. die Nachbarbahnen sollen nur dadurch erzeugt werden, daß wir die Anfangsbedingungen q_k^0 unp p_k^0 der wahren Bahn variieren lassen, d. h. wir denken uns eine Schar variierter Bahnen zur wahren hinzu, die unter denselben Kräften und Bedingungen stehen, wie diese, nur daß die Anfangswerte statt q_k^0 und p_k^0 bzw. $q_k^0 + \Delta q_k^0$ und $p_k^0 + \Delta p_k^0$ sind.

Aus (162) wird damit, wenn wir jetzt noch der Einfachheit halber den Index 1 am oberen Ende fortlassen:

(163) $$\Delta S = -E\Delta t + \sum_k p_k \Delta q_k - \sum_k p_k^0 \Delta q_k^0.$$

Nun wollen wir S in bestimmter Weise ausdrücken. Die Integrale unseres Systems von N Freiheitsgraden liefern die Koordinaten q_k und die Geschwindigkeiten $\dot{q}_k$ als Funktionen der Zeit t, der Anfangskoordinaten q_k^0 und der Anfangsgeschwindigkeiten $\dot{q}_k^0$, beziehungsweise der Anfangsimpulse p_k^0:

(164) $$q_k = q_k(q_k^0, p_k^0, t),$$

(165) $$\dot{q}_k = \dot{q}_k(q_k^0, p_k^0, t).$$

Dadurch ist die wahre Bewegung vollkommen bestimmt; nach dem Obigen gehen daraus die variierten Bewegungen hervor, wenn wir statt q_k^0 und p_k^0 die Werte $q_k^0 + \Delta q_k^0$ und $p_k^0 + \Delta p_k^0$ setzen. Wir können aus diesen Gleichungen die q_k und die $\dot{q}_k$ als Funktionen der Zeit, der Anfangskoordinaten q_k^0 und der Anfangsimpulse p_k^0 ausdrücken, und diese Werte setzen wir in die Prinzipalfunktion ein, die bisher natürlich als Funktion der q_k und $\dot{q}_k$ betrachtet wurde. Vermöge der als bekannt vorausgesetzten Integrale gewinnen wir also S als Funktion der Anfangswerte der Koordinaten und Impulse, sowie der Zeit t. Endlich beseitigen wir die Anfangsimpulse wieder aus S, ebenfalls vermittelst der Integrale (164). Diese stellen ja N Relationen zwischen den $(3N+1)$ Größen q_k, q_k^0, p_k^0, t dar. Man kann also die N Größen p_k^0 als Funktionen der Größen q_k, q_k^0, t, d. h. der augenblicklichen und der anfänglichen Koordinaten und der Zeit mit Hilfe dieser Gleichungen gewinnen, in S einsetzen und auf diese Weise schließlich die p_k^0 aus S eliminieren. S ist nach diesen Operationen dargestellt in seiner Abhängigkeit von den Größen q_k^0, den Anfangskoordinaten, den q_k, den augenblicklichen Koordinaten, und der Zeit t. Wir wollen nach Boltzmann die Funktion S, wenn sie in dieser Weise dargestellt ist, die auf „Hamiltonsche Weise“ dargestellte Prinzipalfunktion nennen, und sie durch den Index H auszeichnen:

(166) $$S(q_k, q_k^0, t) \equiv S_H.$$

Ebenso soll E dargestellt werden, dem wir dann sinngemäß auch den Index H zuerteilen.

Gehen wir nun auf die oben beschriebene Art von der wahren Bahn zu einer variierten über, so geht S in $S + \Delta S$ über, eben weil die q_k^0 sich in $q_k^0 + \Delta q_k^0$, die p_k^0 sich in $p_k^0 + \Delta p_k^0$, die obere Grenze sich von t in $t + \Delta t$ verwandelt haben.

ΔS_H kann nach (166) offenbar geschrieben werden:

(167) $$\Delta S_H = \frac{\partial S_H}{\partial t}\Delta t + \sum_k \frac{\partial S_H}{\partial q_k}\Delta q_k + \sum_k \frac{\partial S_H}{\partial q_k^0}\Delta q_k^0.$$

Dann liefert ein Vergleich mit (163) folgende drei Gleichungen:

(168) $$\frac{\partial S_H}{\partial t} + E_H = 0,$$

(169) $$\frac{\partial S_H}{\partial q_k} = p_k,$$

(170) $$\frac{\partial S_H}{\partial q_k^0} = -p_k^0.$$

$$(k = 1, 2 \ldots N).$$

Die partiellen Ableitungen von S_H sind nach dem Vorhergehenden folgendermaßen zu verstehen: $\frac{\partial S_H}{\partial t}$ ist zu bilden bei konstanten Werten q_k und q_k^0; $(\varDelta S_H)_{q_k, q_k^0}$ ist also in diesem Falle nur dadurch von Null verschieden, daß die obere Grenze sich von t in $t + \varDelta t$ verändert hat. Ebenso ist es mit den übrigen partiellen Ableitungen.

Was bedeuten nun die Gleichungen (168) bis (170)?

Gleichung (168) ist eine partielle Differentialgleichung für S_H, die sogenannte „Hamiltonsche Differentialgleichung". Sie wird identisch befriedigt durch die Funktion S_H, die wir aus den als bekannt vorausgesetzten Integralen der Bewegungsgleichungen konstruiert haben. S_H enthält die N willkürlichen, nicht additiven Konstanten q_k^0, außerdem kann noch eine additive Konstante hinzugefügt werden, so daß wir im ganzen $(N+1)$ unabhängige Konstanten in S_H haben, genau so viele, wie unabhängige Variable in derselben (q_k, t). Wegen dieser Eigenschaft nennt man S_H ein „vollständiges Integral" der partiellen Differentialgleichung.

Die Ableitungen $\frac{\partial S_H}{\partial q_k}$ und $\frac{\partial S_H}{\partial q_k^0}$ enthalten keine Differentialquotienten nach der Zeit; p_k dagegen ist ein lineares Aggregat der allgemeinen Geschwindigkeitskomponenten $\dot{q}_k$, enthält also erste Ableitungen nach t; die p_k^0 sind Konstante. Wir können daher die Gleichungen (169) folgendermaßen charakterisieren:

Es sind N Gleichungen, die die Geschwindigkeiten $\dot{q}_k$ durch Konstante und die Zeit ausdrücken: es sind also die N ersten („intermediären") Integrale der Bewegungsgleichungen. Die Gleichungen (170) sind ebenso N Relationen, welche die allgemeinen Koordinaten q_k durch Konstante und die Zeit ausdrücken: es sind die N zweiten Integrale der Bewegungsgleichungen.

Es wird gut sein, die Art der hier vorkommenden Substitutionen und Bildungen durch ein möglichst einfaches Beispiel zu erläutern. Es handle sich um den freien Fall. Die Integrale lauten in diesem Falle bekanntlich:

(171) $$\begin{cases} \dot{x} = \dot{x}_0 - g\,t, \\ x = x_0 + \dot{x}_0\,t - \frac{1}{2} g\,t^2. \end{cases}$$

Die kinetische und potentielle Energie werden damit:

$$L = \frac{m}{2}\dot{x}^2 = \frac{m}{2}(\dot{x}_0^2 + g^2 t^2 - 2g\dot{x}_0 t),$$

$$\Phi = mgx = mg(x_0 + \dot{x}_0 t - \tfrac{1}{2}g t^2);$$

die Gesamtenergie E und das kinetische Potential H:

$$(172)\qquad \begin{cases} E = L + \Phi = \frac{m}{2}\dot{x}_0^2 + mgx_0, \\ H = L - \Phi = \left(\frac{m}{2}\dot{x}_0^2 - mgx_0\right) - 2mg\dot{x}_0 t + mg^2 t^2. \end{cases}$$

Endlich wird $S = \int H\,dt$, wenn wir der Einfacheit halber die untere Grenze $t_0 = 0$ setzen:

$$(173)\qquad S = \left(\frac{m}{2}\dot{x}_0^2 - mgx_0\right)t - mg\dot{x}_0 t^2 + \frac{mg^2}{3}t^3.$$

Weder E noch S sind aber bisher auf die Hamiltonsche Weise ausgedrückt. Zu diesem Zwecke müssen wir die $\dot{x}_0$ aus der zweiten Gleichung (171) durch x und t darstellen:

$$(174)\qquad \dot{x}_0 = \frac{x - x_0 + \frac{1}{2}g t^2}{t}.$$

Damit erhalten wir dann:

$$E_H = \frac{m}{2}\,\frac{(x - x_0 + \frac{1}{2}g t^2)^2}{t^2} + mgx_0;$$

$$S_H = \frac{m}{2t}\left(x - x_0 + \frac{g}{2}t^2\right)^2 - mgx_0 t - mgt\left(x - x_0 + \frac{g}{2}t^2\right) + \frac{mg^2}{3}t^3.$$

Diese Werte von S_H und E_H müssen nun zunächst die Hamiltonsche partielle Differentialgleichung (168) erfüllen. Es ist:

$$\frac{\partial S_H}{dt} = m\left(x - x_0 + \frac{g}{2}t^2\right)g - \frac{m}{2t^2}\left(x - x_0 + \frac{g}{2}t^2\right)^2$$
$$- mgx_0 - mg(x - x_0) - \frac{3m}{2}g^2 t^2 + mg^2 t^2.$$

Bildet man nun mit dem obigen Werte von E_H die Gleichung (168), so findet man:

$$\left\{mg\left(x - x_0 + \frac{g}{2}t^2\right) - \frac{m}{2t^2}\left(x - x_0 + \frac{g}{2}t^2\right)^2 - mgx_0 - mgx + mgx_0\right.$$
$$\left. - \frac{1}{2}mg^2 t^2\right\} + \left\{\frac{m}{2t^2}\left(x - x_0 + \frac{1}{2}g t^2\right)^2 + mgx_0\right\} = 0,$$

und diese Gleichung ist identisch erfüllt, da sich die Glieder auf der linken Seite paarweise aufheben.

Ebenso ist es z. B. mit Gleichung (170): $\frac{\partial S_H}{\partial x_0} = -m\dot{x}_0$.

Man findet:

$$\frac{\partial S_H}{\partial x_0} = -\frac{m}{t}\left(x - x_0 + \frac{1}{2} g t^2\right),$$

und das ist nach Gleichung (174) in der Tat gleich $-m\dot{x}_0$, was zu beweisen war.

§ 16.

Jacobis Umkehrung des Hamiltonschen Theorems zur wirklichen Bestimmung der Integrale.

Was kann man nun mit diesen Überlegungen anfangen? Wenn wir nur das Hamiltonsche Theorem hätten, das in den Gleichungen (168) bis (170) enthalten ist, so würde sein Nutzen sehr gering sein zur Gewinnung der Integrale der Bewegungsgleichungen, da wir diese als bekannt voraussetzen mußten, um zu dem Theorem zu gelangen.

Wir wollen nun einmal prüfen, was wir herstellen können, ohne die Integrale zu besitzen.

Wir kennen den Ausdruck der kinetischen Energie als Funktion der q_k und der $\dot{q}_k$, beziehungsweise, da $\frac{\partial L}{\partial \dot{q}_k} = p_k$ ist, als Funktion der q_k und p_k; ebenso kennen wir Φ als Funktion der q_k. Wir können also die Gesamtenergie $E = L + \Phi$, sowie das kinetische Potential $H = L - \Phi$ als Funktion der kanonischen Variablen konstruieren. Die p_k können wir aber aus E eliminieren, indem wir Gleichung (169) benutzen, d. h. $p_k = \frac{\partial S}{\partial q_k}$ setzen. So gewinnen wir also E als Funktion der q_k und der $\frac{\partial S}{\partial q_k}$, was wir durch $E\left(q_k, \frac{\partial S}{\partial q_k}\right)$ andeuten wollen.

Die Hamiltonsche partielle Differentialgleichung (168) für S lautet dann:

$$\frac{\partial S}{\partial t} + E\left(q_k, \frac{\partial S}{\partial q_k}\right) = 0\,; \tag{175}$$

den Index H lassen wir von jetzt an fort.

Bisher nun konnten wir eine Lösung, und zwar eine vollständige mit den N unabhängigen Konstanten q_k^0, aus den bekannten Integralen der Bewegungsgleichungen berechnen, die diese Gleichung identisch befriedigte. Jetzt, wo die Integrale unbekannt sind, ist es auch S und wir müssen gerade die Differentialgleichung (175) zur Bestimmung von S benutzen.

Und nun hat Jacobi[1] folgenden Satz bewiesen:

Wenn ein beliebiges vollständiges Integral der Gleichung (175) bekannt ist, d. h. eine Lösung mit den N unabhängigen, beliebigen

[1] C. G. J. Jacobi, Vorlesungen über Dynamik, 20. Vorlesung.

multiplikativen Konstanten $\alpha_1\ \alpha_2\ \ldots\ \alpha_N$ (die keineswegs mit den q_k^0 identisch zu sein brauchen), so erhält man die Integrale der Bewegung, indem man mit dieser beliebigen Lösung die Gleichungen (169) und (170) bildet, d. h. indem man die Impulse p_k durch die Gleichungen bestimmt:

$$\frac{\partial S}{\partial q_k} = p_k, \quad (k = 1, 2, \ldots N), \tag{176}$$

(das sind die N ersten oder intermediären Integrale), und indem man ferner die Ableitungen von S nach den Konstanten α_k neuen N willkürlichen Konstanten β_k gleichsetzt:

$$\frac{\partial S}{\partial \alpha_k} = \beta_k, \quad (k = 1, 2, \ldots N). \tag{177}$$

Das sind die N zweiten Integrale der Bewegung.

In dem besonders häufig vorkommenden Falle, daß E von der Zeit explizite nicht abhängt, kann man dieses Resultat noch vereinfachen, indem man die in S steckende Zeitvariable t „separiert". Man setzt in diesem Falle an:

$$S = -\alpha_1 t + W(q_k, \alpha_2, \alpha_3, \ldots \alpha_N),$$

wo α_1 eine der Konstanten ist, und wo W jetzt nur noch $(N-1)$ unabhängige Konstanten $\alpha_1 \ldots \alpha_N$ enthält. Dann ist:

$$\frac{\partial S}{\partial t} = -\alpha_1; \quad \frac{\partial S}{\partial q_k} = \frac{\partial W}{\partial q_k}; \quad \frac{\partial S}{\partial \alpha_k} = \frac{\partial W}{\partial \alpha_k} \quad (k = 2, \ldots N);$$

$$\frac{\partial S}{\partial \alpha_1} = -t + \frac{\partial W}{\partial \alpha_1}.$$

Damit geht die Hamiltonsche partielle Differentialgleichung (175) für S in die folgende für W über:

$$E\left(q_k, \frac{\partial W}{\partial q_k}\right) = \alpha_1, \tag{178}$$

und die Integralgleichungen (176) und (177) Jacobis werden dann:

$$\frac{\partial W}{\partial q_k} = p_k \quad (N \text{ Gleichungen}), \tag{179}$$

$$\frac{\partial W}{\partial \alpha_k} = \beta_k \quad (N-1 \text{ Gleichungen}), \tag{180}$$

$$\frac{\partial W}{\partial \alpha_1} = t + \beta_1. \tag{181}$$

Bevor wir auf den Beweis des Jacobischen Satzes eingehen, wollen wir ihn durch Anwendung auf ein möglichst einfaches Beispiel klar zu machen suchen.

Es handle sich um die lineare Schwingung eines Massenpunktes um seine Ruhelage unter dem Einflusse einer elastischen Kraft. Wir haben dann von vornherein gegeben:

$$L = \frac{m}{2}\dot{x}^2 = \frac{1}{2m}p^2,$$

$$\Phi = \frac{k^2}{2}x^2;$$

$$E = L + \Phi = \frac{1}{2m}p^2 + \frac{k^2}{2}x^2.$$

Da E von t nicht abhängt, so können wir statt S überall die Funktion W benutzen und schreiben:

$$E = \frac{1}{2m}p^2 + \frac{k^2}{2}x^2 = \frac{1}{2m}\left(\frac{dW}{dx}\right)^2 + \frac{k^2}{2}x^2;$$

also lautet die Differentialgleichung für W nach Gleichung (178):

$$\frac{1}{2m}\left(\frac{dW}{dx}\right)^2 + \frac{k^2}{2}x^2 = \alpha_1.$$

Wir brauchen hier ein Integral mit nur einer willkürlichen multiplikativen Konstanten, und diese Konstante ist schon durch α_1 gegeben; eine additive Konstante braucht daher nicht mehr zugefügt zu werden. Wir erhalten:

$$\left(\frac{dW}{dx}\right)^2 = 2m\alpha_1\left(1 - \frac{k^2}{2\alpha}x^2\right),$$

also

$$\frac{dW}{dx} = \sqrt{2m\alpha_1}\cdot\sqrt{1 - \frac{k^2}{2\alpha_1}x^2}.$$

Die Integration liefert:

$$W = \frac{\alpha_1\sqrt{m}}{k}\left[\arcsin\frac{k}{\sqrt{2\alpha_1}}x + \frac{kx}{\sqrt{2\alpha_1}}\cdot\sqrt{1 - \frac{k^2}{2\alpha_1}x^2}\right].$$

Differentiieren wir entsprechend Gleichung (181) nach der Konstanten α_1 und setzen $\frac{\partial W}{\partial \alpha_1} - t$ gleich einer neuen Konstanten β_1, so folgt nach (181):

$$\beta_1 + t = \frac{\sqrt{m}}{k}\arcsin\frac{kx}{\sqrt{2\alpha_1}},$$

oder:

$$\frac{k}{\sqrt{m}}(\beta_1 + t) = \arcsin\frac{k}{\sqrt{2\alpha_1}}x,$$

oder:

$$x = \frac{\sqrt{2\alpha_1}}{k}\sin\frac{k}{\sqrt{m}}(\beta_1 + t),$$

was in der Tat das gesuchte Integral ist.

Natürlich wird man in so einfachen Fällen nicht zur Hamilton-Jacobischen Methode greifen, um die Integrale der Bewegung zu finden; dieses Beispiel sollte nur zur Erleichterung des Verständnisses dienen.

Gehen wir nun zum Beweise des Jacobischen Satzes über!

Wir haben zu zeigen, daß durch die Gleichungen

$$\frac{\partial S}{\partial q_k} = p_k \quad \text{und} \quad \frac{\partial S}{\partial \alpha_k} = \beta_k \quad (k = 1, 2, \ldots N),$$

wo S ein vollständiges Integral der Hamiltonschen partiellen Differentialgleichung mit den N willkürlichen unabhängigen Konstanten α_k ist, den Bewegungsgleichungen, die wir etwa in der Hamiltonschen kanonischen Form nehmen wollen:

$$\frac{\partial E}{\partial p_k} = \dot{q}_k; \qquad -\frac{\partial E}{\partial q_k} = \dot{p}_k, \tag{182}$$

genügt wird.

Wir gehen aus von der Gleichung (177): $\frac{\partial S}{\partial \alpha_k} = \beta_k$ und bilden für alle Werte von $k (1 \ldots N)$ die vollständige zeitliche Ableitung $\frac{d}{dt}\left(\frac{\partial S}{\partial \alpha_k}\right)$, die den Wert Null hat. Da S Funktion von t, q_k und α_k ist, so haben wir damit folgendes System von Gleichungen:

$$(183) \quad \begin{cases} \dfrac{\partial^2 S}{\partial \alpha_1 \partial t} + \dfrac{\partial^2 S}{\partial \alpha_1 \partial q_1} \dot{q}_1 + \dfrac{\partial^2 S}{\partial \alpha_1 \partial q_2} \dot{q}_2 + \cdots \dfrac{\partial^2 S}{\partial \alpha_1 \partial q_N} \dot{q}_N = 0, \\ \cdots\cdots\cdots\cdots\cdots\cdots\cdots\cdots \\ \dfrac{\partial^2 S}{\partial \alpha_N \partial t} + \dfrac{\partial^2 S}{\partial \alpha_N \partial q_1} \dot{q}_1 + \dfrac{\partial^2 S}{\partial \alpha_N \partial q_2} \dot{q}_2 + \cdots \dfrac{\partial^2 S}{\partial \alpha_N \partial q_N} \dot{q}_N = 0. \end{cases}$$

Aus diesen Gleichungen haben wir die $\dot{q}_k$ auszurechnen und in die erste kanonische Gleichung (182): $\frac{\partial E}{\partial p_k} = \dot{q}_k$ einzusetzen, die dann identisch befriedigt werden muß. Wir können aber auch umgekehrt in (183) für $\dot{q}_k$ die Werte $\frac{\partial E}{\partial p_k}$ aus der kanonischen Gleichung (182) einsetzen und zeigen, daß dadurch (183) befriedigt wird. Das System (183) schreiben wir einfacher:

$$\frac{\partial^2 S}{\partial t \, \partial \alpha_k} + \sum_i \frac{\partial^2 S}{\partial \alpha_k \partial q_i} \dot{q}_i = 0 \quad (k = 1, 2 \ldots N), \tag{184}$$

und wenn wir für $\dot{q}_i$ die genannte Substitution machen:

$$\frac{\partial^2 S}{\partial \alpha_k \partial t} + \sum_i \frac{\partial^2 S}{\partial \alpha_k \partial q_i} \cdot \frac{\partial E}{\partial p_i} = 0 \quad (k = 1, 2 \ldots N). \tag{185}$$

Daß diese Gleichung eine Identität ist, läßt sich folgendermaßen zeigen: S ist eine Lösung der Hamiltonschen partiellen Differentialgleichung

$$\frac{\partial S}{\partial t} + E\left(q_k, \frac{\partial S}{\partial q_k}\right) \equiv 0,$$

die für beliebige Werte der Konstanten α_k identisch befriedigt wird. Differentiieren wir nach α_k, so folgt:

$$\frac{\partial^2 S}{\partial t \, \partial \alpha_k} + \frac{\partial E}{\partial \alpha_k} \equiv 0.$$

Die α_k stecken nun in den Ausdrücken $\frac{\partial S}{\partial q_k}$, die in E enthalten sind; also ist

$$\frac{\partial E}{\partial \alpha_k} = \sum_i \frac{\partial E}{\partial\left(\frac{\partial S}{\partial q_i}\right)} \frac{\partial^2 S}{\partial q_i \, \partial \alpha_k},$$

und die letzte Gleichung wird zu:

$$\frac{\partial^2 S}{\partial t \, \partial \alpha_k} + \sum_i \frac{\partial E}{\partial\left(\frac{\partial S}{\partial q_i}\right)} \frac{\partial^2 S}{\partial q_i \, \partial \alpha_k} = 0 .$$

Da nun aber nach Jacobi $\frac{\partial S}{\partial q_i} = p_i$ ist, so kann sie auch geschrieben werden:

$$\frac{\partial^2 S}{\partial t \, \partial \alpha_k} + \sum_i \frac{\partial^2 S}{\partial \alpha_k \, \partial q_i} \cdot \frac{\partial E}{\partial p_i} \equiv 0 ,$$

die identisch befriedigt ist, und mit (185) übereinstimmt.

Ebenso kann man mit dem andern Gleichungssystem verfahren. Man gehe von $\frac{\partial S}{\partial q_k} = p_k$ aus und bilde $\frac{d}{dt}\left(\frac{\partial S}{\partial q_k}\right)$. Das liefert ein Gleichung (183) analoges System für die $\dot{p}_k$, die in der gleichen Weise mit der zweiten kanonischen Gleichung (182) kombiniert werden können. Die Ausführung, auf die wir hier verzichten, ist ganz analog der eben dargestellten.

Damit ist der Jacobische Satz bewiesen, und es handelt sich jetzt für die Praxis darum, die Integration der partiellen Differentialgleichung für S zu leisten.

§ 17.

Über die Integration der Hamiltonschen partiellen Differentialgleichung.

Die Integration der Hamiltonschen partiellen Differentialgleichung bietet Schwierigkeiten, die nur in speziellen Fällen überwunden werden können. Unter gewissen Bedingungen nämlich kann man, ebenso wie vorhin die Zeitvariable t separiert werden konnte, alle Variabeln separieren, d. h. man kann die Funktion W, die nach Trennung der Zeitvariabeln von S übrig bleibt, und die Funktion sämtlicher q_k ist, in eine Summe von Funktionen spalten, von denen jede nur von einer Variablen abhängt. Damit geht die partielle Differentialgleichung über in eine Reihe gewöhnlicher. Unter den geeigneten Bedingungen kann man also setzen:

186) $$W(q_1, q_2 \ldots q_N) = W_1(q_1) + W_2(q_2) + \ldots W_N(q_N).$$

Die Frage, wann bei einer Hamiltonschen Gleichung eine Separation der Variabeln gemäß (186) gelingt, ist allgemein nicht gelöst. Es ist jedoch Stäckel[1], gestützt auf Vorarbeiten von Liouville und Staude, gelungen, das Problem unter der Voraussetzung zu lösen, daß die Funktion $E\left(q_k, \frac{\partial W}{\partial q_k}\right)$, die ja in den $\frac{\partial W}{\partial q_k}$ vom zweiten Grade ist, nur die Quadrate dieser Größen, nicht ihre doppelten Produkte enthält. Stäckels Voraussetzung ist also die, daß E, das wir für einen Moment in L und Φ zerlegen wollen, geschrieben werden kann:

$$E\left(q_k, \frac{\partial W}{\partial q_k}\right) = \frac{1}{2}\sum_k^{1,N} A_k(q_k)\cdot\left(\frac{\partial W}{\partial q_k}\right)^2 + \Phi(q_k). \tag{187}$$

Man kann dann, wie Stäckel gezeigt hat, die Lösung des mechanischen Problems sofort allgemein hinschreiben. Die Probleme, in denen eine Separation der Variabeln auf Grund des Stäckelschen Theorems möglich ist, sind in neuerer Zeit durch die Arbeiten von Schwarzschild[2] und Epstein[3] von grundlegender Bedeutung für die sogenannte Quantentheorie geworden.

Wir wollen deshalb wenigstens ein Beispiel für die Trennung der Variabeln besprechen.

Es handle sich wieder um einen Massenpunkt, der in der xy-Ebene um seine Ruhelage elastische Schwingungen ausführt; es ist also die Verallgemeinerung derjenigen Aufgabe, die wir im vorhergehenden Paragraphen behandelt haben. Für diesen Fall ist nun:

$$L = \frac{m}{2}\dot{x}^2 + \frac{m}{2}\dot{y}^2 = \frac{1}{2m}p_1^2 + \frac{1}{2m}p_2^2,$$

$$\Phi = \frac{k^2}{2}x^2 + \frac{k^2}{2}y^2.$$

Für die Gesamtenergie folgt:

$$E(p_k, q_k) = \frac{1}{2m}p_1^2 + \frac{1}{2m}p_2^2 + \frac{k^2}{2}x^2 + \frac{k^2}{2}y^2,$$

und da diese nicht von t explizite abhängt, können wir die vereinfachte Differentialgleichung für die Funktion W gemäß Gleichung (178) ansetzen. Diese lautet für unsere Aufgabe:

$$\frac{1}{2m}\left(\frac{\partial W}{\partial x}\right)^2 + \frac{1}{2m}\left(\frac{\partial W}{\partial y}\right)^2 + \frac{k^2}{2}x^2 + \frac{k^2}{2}y^2 = \alpha_1. \tag{188}$$

Hier ist nach dem Obigen ohne weiteres der Ansatz möglich:

$$W(xy) = W_1(x) + W_2(y), \tag{189}$$

[1] P. Stäckel, Über die Integration der Hamilton-Jacobischen Differentialgleichung mittels Separation der Variabeln; Habilitationsschrift, Halle 1891; man vgl. auch die sehr einfache und übersichtliche Darstellung in Charlier, Mechanik des Himmels, Bd. I, S. 77ff.

[2] K. Schwarzschild, Sitz.-Ber. d. Berl. Akad. d. Wiss. S. 548; 1916.

[3] P. S. Epstein, Physikal. Zeitschr. 17, S. 148, 1916; Ann. d. Phys. 50, S. 489, 1916; ibid. S. 815, 1916; ibid. 51, S. 168, 1916.

womit (188) übergeht in:

$$\frac{1}{2m}\left(\frac{dW_1}{dx}\right)^2 + \frac{1}{2m}\left(\frac{dW_2}{dy}\right)^2 + \frac{k^2}{2}x^2 + \frac{k^2}{2}y^2 = \alpha_1, \tag{190}$$

und nun können wir etwa setzen:

$$\frac{1}{2m}\left(\frac{dW_1}{dx}\right)^2 + \frac{k^2}{2}x^2 = \frac{\alpha_2^2}{2m}, \tag{191}$$

wo α_2 eine neue Konstante ist. Dann bleibt für W_2 die Differentialgleichung übrig:

$$\frac{1}{2m}\left(\frac{dW_2}{dy}\right)^2 + \frac{k^2}{2}y^2 = \alpha_1 - \frac{\alpha_2^2}{2m}. \tag{192}$$

Wir haben also jetzt nur die beiden gewöhnlichen Differentialgleichungen (191) und (192) zu behandeln. Nach (191) hat man sofort:

$$\frac{dW_1}{dx} = \alpha_2\sqrt{1 - \frac{mk^2}{\alpha_2^2}x^2},$$

was sich ohne weiteres integrieren läßt:

$$W_1(x) = \frac{\alpha_2^2}{2k\sqrt{m}}\left[\arcsin\frac{k\sqrt{m}}{\alpha_2}x + \frac{k\sqrt{m}}{\alpha_2}x\sqrt{1 - \frac{k^2 m}{\alpha_2^2}x^2}\right]. \tag{193}$$

Ebenso folgt aus (192):

$$\frac{dW_2}{dy} = \sqrt{2m\alpha_1 - \alpha_2^2}\cdot\sqrt{1 - \frac{mk^2y^2}{2m\alpha_1 - \alpha_2^2}},$$

und die Integration liefert ebenso:

$$\left\{\begin{aligned} W_2(y) = \frac{2m\alpha_1 - \alpha_2^2}{2k\sqrt{m}}\Bigg[&\arcsin\frac{k\sqrt{m}}{\sqrt{2m\alpha_1 - \alpha_2^2}}y \\ &+ \frac{k\sqrt{m}}{\sqrt{2m\alpha_1 - \alpha_2^2}}y\sqrt{1 - \frac{k^2my^2}{2m\alpha_1 - \alpha_2^2}}\Bigg]. \end{aligned}\right. \tag{194}$$

Damit folgt für W:

$$\left\{\begin{aligned} W(xy) = \frac{\alpha_2^2}{2k\sqrt{m}}&\left[\arcsin\frac{k\sqrt{m}}{\alpha_2}x + \frac{k\sqrt{m}}{\alpha_2}x\sqrt{1 - \frac{k^2m}{\alpha_2^2}x^2}\right] \\ &+ \frac{2m\alpha_1 - \alpha_2^2}{2k\sqrt{m}}\Bigg[\arcsin\frac{k\sqrt{m}}{\sqrt{2m\alpha_1 - \alpha_2^2}}y \\ &+ \frac{k\sqrt{m}}{\sqrt{2m\alpha_1 - \alpha_2^2}}y\sqrt{1 - \frac{k^2my^2}{2m\alpha_1 - \alpha_2^2}}\Bigg]. \end{aligned}\right. \tag{195}$$

Jetzt finden wir die Integrale nach den Gleichungen (180) und (181), indem wir nach den Konstanten α_1 und α_2 differentiieren und das Resultat bzw. gleich $t + \beta_1$ und β_2 setzen, wo β_1 und β_2 zwei neue Konstanten sind. Wir finden nach einer einfachen, aber etwas mühsamen Rechnung:

$$\frac{\partial W}{\partial \alpha_1} = \beta_1 + t = \frac{\sqrt{m}}{k}\arcsin\frac{k\sqrt{m}}{\sqrt{2m\alpha_1 - \alpha_1^2}}y,$$

oder:

$$y = \frac{\sqrt{2m\alpha_1 - \alpha_2^2}}{k\sqrt{m}} \sin \frac{k}{\sqrt{m}} (t + \beta_1), \tag{196}$$

womit das eine der Integrale gefunden ist, das auch wirklich zwei disponible Konstanten enthält (eine Amplitudenkonstante und eine Phasenkonstante), wie es sein muß.

Ebenso ergibt sich:

$$\frac{\partial W}{\partial \alpha_2} = \frac{\alpha_2}{k\sqrt{m}} \left[\arc\sin \frac{k\sqrt{m}}{\alpha_2} x - \arc\sin \frac{k\sqrt{m}}{\sqrt{2m\alpha_1 - \alpha_2^2}} y\right] = \beta_2 .$$

woraus nach einer einfachen Rechnung folgende Relation zwischen x und y entsteht, die die Bahngleichung ist:

$$\frac{k^2 m}{\alpha_2^2} x^2 + \frac{2k^2 m}{\alpha_2 \sqrt{2m\alpha_1 - \alpha_2^2}} xy + \frac{k^2 m}{2m\alpha_1 - \alpha_2^2} y^2 = \sin^2\left(\frac{k\sqrt{m}\,\beta_2}{\alpha_2}\right), \tag{197}$$

d. h. die Bahn ist eine Ellipse, wie es bekannt ist. Durch Kombination mit (196) findet man daraus auch sofort x als Funktion von t, die gewöhnliche Darstellung des zweiten Integrals:

$$x = \frac{\alpha_2}{k\sqrt{m}} \cdot \sin \frac{k}{\sqrt{m}} \left(t + \beta_1 + \frac{m\beta_2}{\alpha_2}\right), \tag{198}$$

das ebenfalls zwei disponible Konstanten enthält. Daß auch die Gleichungen (179) für die Impulse erfüllt sind, ist leicht zu erkennen.

Andere Beispiele für die Separation der Variabeln findet man in den genannten Arbeiten von Epstein, ferner in einer von Debye[1] und von Scherrer[2], die, wie schon erwähnt, besonders deshalb von Interesse sind, weil sie die Bedeutung der Hamilton-Jacobischen Theorie für eine der brennendsten Tagesfragen der Physik zeigen.

§ 18.

Das Gausssche Prinzip des kleinsten Zwanges.

Den Prinzipen der Dynamik hat Gauss[3] ein neues hinzugefügt, das geeignet ist, dasselbe zu leisten, wie das d'Alembertsche und die damit gleichwertigen Prinzipe, die wir bereits behandelt haben.

Wir können die wirkliche Bewegung dadurch charakterisieren, daß wir die Koordinaten x_ν, y_ν, z_ν des ν^{ten} Massenpunktes als Funktionen der Zeit angeben:

$$x_\nu = \psi_\nu(t), \quad y_\nu = \chi_\nu(t), \quad z_\nu = \omega_\nu(t);$$

---

[1] P. Debye, Nachr. d. kgl. Ges. d. Wiss. zu Göttingen, math.-phys. Klasse, 1916, S. 142.

[2] P. Scherrer, ibid. 1916, S. 154.

[3] C. F. Gauss, Über ein neues allgemeines Grundgesetz der Mechanik, Journ. f. d. reine u. angewandte Mathematik, Bd. 4, 1829; auch: Werke, Bd. V., S. 23ff., 1877.

diese Ausdrücke konstituieren die wirkliche Bahn. Die wirklichen Geschwindigkeiten und Beschleunigungen sind:

$$\dot{x}_\nu = \dot{\psi}_\nu(t), \quad \dot{y}_\nu = \dot{\chi}_\nu(t), \quad \dot{z}_\nu = \dot{\omega}_\nu(t),$$
$$\ddot{x}_\nu = \ddot{\psi}_\nu(t), \quad \ddot{y}_\nu = \ddot{\chi}_\nu(t), \quad \ddot{z}_\nu = \ddot{\omega}_\nu(t).$$

Wir ordnen der wirklichen Bahn nun eine variierte Bahn zu, bei der die Koordinaten und Geschwindigkeiten unverändert bleiben, d. h. wir nehmen:

$$\delta x_\nu = \delta y_\nu = \delta z_\nu = \delta \dot{x}_\nu = \delta \dot{y}_\nu = \delta \dot{z}_\nu = 0.$$

Nur die Beschleunigungskomponenten sollen kleine Änderungen erleiden:

$$\delta \ddot{x}_\nu, \quad \delta \ddot{y}_\nu, \quad \delta \ddot{z}_\nu \quad (\neq 0),$$

Eine solche Variation, die sich nur auf die Beschleunigung erstreckt, nennen wir eine „Gausssche Variation“[1] und bezeichnen sie durch den Index „g“ am Zeichen δ, wenn es zur genaueren Charakterisierung wünschenswert ist.

Es seien jetzt m Bedingungsgleichungen vorhanden, etwa, um möglichst allgemein zu bleiben, nichtholonom-rheonome:

$$\sum_\nu^{1,n} (a'_{k\nu} dx_\nu + b'_{k\nu} dy_\nu + c'_{k\nu} dz_\nu + a'_k dt) = 0 \quad (k = 1, 2 \ldots m), \tag{199}$$

wobei die Koeffizienten $a'_{k\nu}$, $b'_{k\nu}$, $c'_{k\nu}$, a'_k Funktionen der Koordinaten und der Zeit t sind. Die wirklichen Geschwindigkeitskomponenten gehorchen dann den Gleichungen:

$$\sum_\nu^{1,n} (a'_{k\nu} \dot{x}_\nu + b'_{k\nu} \dot{y}_\nu + c'_{k\nu} \dot{z}_\nu + a'_k) = 0 \qquad (k = 1, 2 \ldots m). \tag{200}$$

Durch Differentiation nach t erhalten wir daraus die Relationen, denen die wirklichen Beschleunigungen genügen:

$$\sum_\nu^{1,n} (a'_{k\nu} \ddot{x}_\nu + b'_{k\nu} \ddot{y}_\nu + c'_{k\nu} \ddot{z}_\nu) + \Phi_k(x_\nu y_\nu z_\nu \dot{x}_\nu \dot{y}_\nu \dot{z}_\nu t) = 0 \quad (k = 1, 2 \ldots m). \tag{201}$$

wobei wir unter Φ_k alle Glieder zusammengefaßt haben, die nicht zweite Ableitungen nach der Zeit enthalten; Φ_k hängt also nur von der Zeit, den Koordinaten und den Geschwindigkeiten ab.

Stellen wir jetzt die Forderung, daß die nach Gauss variierte Bewegung ebenfalls den Gleichungen (201) genügen solle, die für die wirklichen Beschleunigungen gelten, so muß (201) erfüllt bleiben, wenn statt der Größen $\ddot{x}_\nu$, $\ddot{y}_\nu$, $\ddot{z}_\nu$ die variierten $\ddot{x}_\nu + \delta \ddot{x}_\nu$, $\ddot{y}_\nu + \delta \ddot{y}_\nu$, $\ddot{z}_\nu + \delta \ddot{z}_\nu$ gesetzt werden:

$$\sum_\nu^{1,n} [a'_{k\nu} (\ddot{x}_\nu + \delta \ddot{x}_\nu) + b'_{k\nu} (\ddot{y}_\nu + \delta \ddot{y}_\nu) + c'_{k\nu} (\ddot{z}_\nu + \delta \ddot{z}_\nu) + \Phi_k(x_\nu y_\nu z_\nu \dot{x}_\nu \dot{y}_\nu \dot{z}_\nu t) = 0,$$

[1] Diese Bezeichnung rührt von Boltzmann her (Vorl. über d. Prinzipe der Mechanik, Bd. I, S. 209).

und durch Subtraktion der Gleichung (201) folgen dann für die Größen $\delta \ddot{x}_\nu$, $\delta \ddot{y}_\nu$, $\delta \ddot{z}_\nu$ die Beschränkungen:

$$\sum_\nu^{1,n} (a'_{k\nu}\,\delta \ddot{x}_\nu + b'_{k\nu}\,\delta \ddot{y}_\nu + c'_{k\nu}\,\delta \ddot{z}_\nu) = 0 \qquad (k = 1,\ 2\ \ldots\ m). \tag{202}$$

Die Größen $\delta \ddot{x}_\nu$, $\delta \ddot{y}_\nu$, $\delta \ddot{z}_\nu$ erfüllen also die Bedingungsgleichungen in demselben Sinne, wie es früher von den virtuellen Verrückungen δx_ν, δy_ν, δz_ν verlangt wurde. Die damals aus dieser Eigenschaft der virtuellen Verrückungen gezogenen Folgerungen müssen daher jetzt auch für die $\delta \ddot{x}_\nu$, $\delta \ddot{y}_\nu$, $\delta \ddot{z}_\nu$ zutreffen.

Die Bewegungsgleichungen für unser System lauten nun nach Gleichung (41):

$$\left\{\begin{aligned} X_\nu - m_\nu \ddot{x}_\nu + \sum_k^{1,m} \lambda_k\, a'_{k\nu} &= 0, \\ Y_\nu - m_\nu \ddot{y}_\nu + \sum_k \lambda_k\, b'_{k\nu} &= 0, \\ Z_\nu - m_\nu \ddot{z}_\nu + \sum_k \lambda_k\, c'_{k\nu} &= 0. \end{aligned}\right. \tag{203}$$

Erweitern wir diese Gleichungen der Reihe nach mit $\delta \ddot{x}_\nu$, $\delta \ddot{y}_\nu$, $\delta \ddot{z}_\nu$ und summieren über das ganze System, so erhalten wir:

$$\sum_\nu^{1,n} [(m_\nu \ddot{x}_\nu - X_\nu)\,\delta \ddot{x}_\nu + (m_\nu \ddot{y}_\nu - Y_\nu)\,\delta \ddot{y}_\nu + (m_\nu \ddot{z}_\nu - Z_\nu)\,\delta \ddot{z}_\nu]$$
$$= \sum_k^{1,m} \lambda_k \left\{ \sum_\nu^{1,n} (a'_{k\nu}\,\delta \ddot{x}_\nu + b'_{k\nu}\,\delta \ddot{y}_\nu + c'_{k\nu}\,\delta \ddot{z}_\nu) \right\}.$$

Da aber die $\delta \ddot{x}_\nu$, $\delta \ddot{y}_\nu$, $\delta \ddot{z}_\nu$ — ganz analog wie die virtuellen Verschiebungen — den Gleichungen (202) gehorchen, annulliert sich die rechte Seite, und es resultiert:

$$\sum_\nu^{1,n} [(m_\nu \ddot{x}_\nu - X_\nu)\,\delta \ddot{x}_\nu + (m_\nu \ddot{y}_\nu - Y_\nu)\,\delta \ddot{y}_\nu + (m_\nu \ddot{z}_\nu - Z_\nu)\,\delta \ddot{z}_\nu] = 0, \tag{204}$$

als äquivalent mit den Bewegungsgleichungen und offenbar auch mit dem d'Alembertschen Prinzip.

Gauss definiert nun den folgenden Ausdruck:

$$\mathsf{Z} = \sum_\nu^{1,n} \frac{1}{m_\nu} [(m_\nu \ddot{x}_\nu - X_\nu)^2 + (m_\nu \ddot{y}_\nu - Y_\nu)^2 + (m_\nu \ddot{z}_\nu - Z_\nu)^2] \tag{205}$$

als den „Zwang" — den Sinn dieser Bezeichnung werden wir nachher erläutern —, und man bemerkt, daß die Anwendung der Operation δ_g auf (205) gleich Null gesetzt, gerade die Gleichung (204), also die Bewegungsgleichungen liefert:

$$\delta_g \mathsf{Z} \equiv \sum_\nu^{1,n} [(m_\nu \ddot{x}_\nu - X_\nu)\,\delta \ddot{x}_\nu + \ldots] = 0, \tag{206}$$

so daß die Aussage, daß $\delta_g Z = 0$ sei, den Bewegungsgleichungen gleichwertig ist. Und zwar ist der Zwang stets ein Minimum, da $\delta^2 Z > 0$ ist, wovon man sich durch Ausrechnen überzeugen kann. Wir haben damit das Gausssche Prinzip: Für die wirkliche Bewegung ist der Zwang ein Minimum bei gegebenen Lagen und Geschwindigkeiten.

Wie kommt man nun dazu, den Ausdruck (205) als den „Zwang" zu bezeichnen? Wir betrachten nach Gauss das ν^{te} Massenteilchen in zwei aufeinander folgenden Zeitmomenten t und $t + dt$, und zwar das eine Mal, indem wir uns vorstellen, die Bedingungsgleichungen seien aufgehoben und nur die expliziten Kräfte X_ν, Y_ν, Z_ν seien wirksam; das andere Mal unter der gleichzeitigen Wirkung der expliziten Kräfte und der (in Zwangskräfte auflösbaren) Bedingungsgleichungen, d. h. das zweite Mal betrachten wir die wirkliche Bewegung des Massenteilchens.[1]

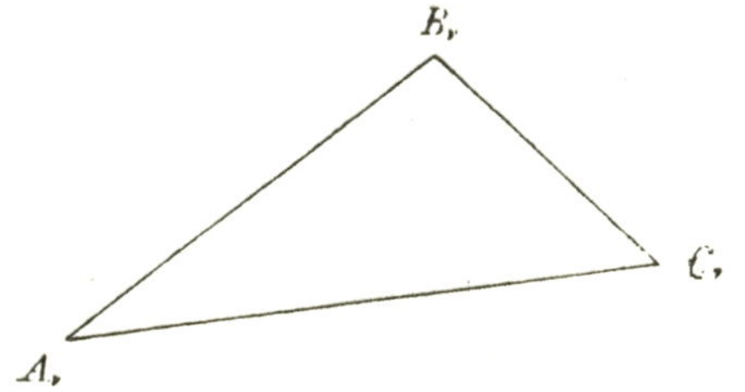

Fig. 5.

Zur Zeit t sei bei der ersten Betrachtungsweise das betreffende Teilchen im Punkte A_ν mit den Koordinaten x_ν, y_ν, z_ν, zur Zeit $t + dt$ in B_ν mit den Koordinaten $x_\nu + \dot{x}_\nu dt + \frac{1}{2}\frac{X_\nu}{m_\nu} dt^2, \ldots z_\nu + \dot{z}_\nu dt + \frac{1}{2}\frac{Z_\nu}{m_\nu} dt^2$; dabei sind die Bedingungsgleichungen als entfernt gedacht.

Bei der wirklichen Bewegung sei das Teilchen zur Zeit t wieder in A_ν, zur Zeit $t + dt$ jedoch in C_ν mit den Koordinaten $x_\nu + \dot{x}_\nu dt + \frac{1}{2}\ddot{x}_\nu dt^2$, $\ldots z_\nu + \dot{z}_\nu dt + \frac{1}{2}\ddot{z}_\nu dt^2$; diese Bewegung wird unter der gemeinsamen Wirkung der expliziten Kräfte und der Bedingungsgleichungen vollführt, unter deren kombiniertem Einfluß die wirklichen Beschleunigungen $\ddot{x}_\nu$, $\ddot{y}_\nu$, $\ddot{z}_\nu$ eintreten.

Die drei Strecken $\overrightarrow{A_\nu B_\nu}$, $\overrightarrow{A_\nu C_\nu}$ und $\overrightarrow{B_\nu C_\nu}$ haben nun offenbar folgende Komponenten:

$$\overrightarrow{A_\nu B_\nu}: \dot{x}_\nu dt + \frac{1}{2}\frac{X_\nu}{m_\nu} dt^2; \quad \dot{y}_\nu dt + \frac{1}{2}\frac{Y_\nu}{m_\nu} dt^2; \quad \dot{z}_\nu dt + \frac{1}{2}\frac{Z_\nu}{m_\nu} dt^2;$$

$$\overrightarrow{A_\nu C_\nu}: \dot{x}_\nu dt + \frac{1}{2}\ddot{x}_\nu dt^2; \quad \dot{y}_\nu dt + \frac{1}{2}\ddot{y}_\nu dt^2; \quad \dot{z}_\nu dt + \frac{1}{2}\ddot{z}_\nu dt^2;$$

also hat $\overrightarrow{B_\nu C_\nu}$, die vektorielle Differenz der beiden eben betrachteten Strecken, die Komponenten:

$$\overrightarrow{B_\nu C_\nu}: \frac{1}{2}\left(\ddot{x}_\nu - \frac{X_\nu}{m_\nu}\right) dt^2; \quad \frac{1}{2}\left(\ddot{y}_\nu - \frac{Y_\nu}{m_\nu}\right) dt^2; \quad \frac{1}{2}\left(\ddot{z}_\nu - \frac{Z_\nu}{m_\nu}\right) dt^2.$$

[1] Man vgl. hierzu etwa: Boltzmann, Vorlesungen über die Prinzipe der Mechanik, Bd. I, S. 212. 1897.

Die Größe der Strecke $\overline{B_\nu C_\nu}$ mißt also die „Abweichung" der wirklichen Bewegung von der „freien" (wie Gauss sich ausdrückt), d. h. der ohne Bedingungsgleichungen vor sich gehenden. Nun fordert das Gausssche Prinzip, daß die Summe $\sum_\nu^{1,n} m_\nu (B_\nu C_\nu)^2$ für die wirkliche Bewegung ein Minimum sein soll, d. h. daß die mit den Massen m_ν multiplizierten Quadrate dieser Abweichungen möglichst klein werden sollen. Man sieht auch ein, daß — im Sinne der Methode der kleinsten Quadrate, die bei Aufstellung des Prinzips offenbar Gauss' leitender Gedanke war — eben dieser Ausdruck als Maß des „Zwanges" benutzt werden kann; die Massenfaktoren stellen gewissermaßen das jedesmalige „Gewicht" der Abweichung von der „freien" Bewegung dar. Bilden wir $\sum m_\nu (\overline{B_\nu C_\nu})^2$, so finden wir, wenn wir die konstanten Faktoren $\frac{1}{4} d t^4$ streichen:

$$\sum_\nu^{1,n} m_\nu \left[\left(\ddot{x}_\nu - \frac{X_\nu}{m_\nu}\right)^2 + \ldots\right] = \sum_\nu^{1,n} \frac{1}{m_\nu} \left[(m_\nu \ddot{x}_\nu - X_\nu)^2 + \ldots\right],$$

d. h. eben den Ausdruck (205), der den Zwang definiert.

Vom Gaussschen Prinzip des kleinsten Zwanges gelangt man übrigens leicht zum Hertzschen Prinzip der geradesten Bahn zurück, worauf wir hier nicht näher eingehen wollen.

§ 19.

Die Gibbs-Appellsche Form der Bewegungsgleichungen.

Die in Gleichung (204) enthaltene analytische Formulierung des Gaussschen Prinzips des kleinsten Zwanges führt zu einer neuen Form der Bewegungsgleichungen hin, die von Gibbs[1] und Appell[2] herrührt und, im Gegensatz zu den Lagrangeschen Gleichungen, auch für nichtholonome Koordinaten paßt.

Wir wollen wieder unser System von n Massenpunkten betrachten, deren Freiheit jedoch noch durch m holonome Bedingungsgleichungen eingeschränkt sei, so daß die Anzahl der Freiheitsgrade $3n - m = N$ beträgt.

Wir können also jedenfalls die Differentiale der Koordinaten $d x_\nu$, $d y_\nu$, $d z_\nu$ ausdrücken als lineare Funktionen von N unabhängigen Diffe-

[1] J. W. Gibbs, On the fundamental formulae of Dynamics; American Journal of Mathematics, Vol. II, p. 49ff., 1879; Scientific Papers, Vol. II, p. 1ff.

[2] P. Appell, Sur une forme générale des équations de la dynamique; Comptes rendus de l'Académie française, Bd. 129, p. 317, 1899; auch: Traité de mécanique rationelle, 2. Auflage, Bd. II, p. 292, 1904.

rentialen $dq_1, dq_2 \ldots dq_N$. Sind diese Beziehungen integrabel, so sind die Koordinaten x_ν, y_ν, z_ν selbst als Funktionen von N unabhängigen Parametern $q_1 \ldots q_N$ darstellbar, die dann als wahre Koordinaten zu bezeichnen sind. Sind die Integrabilitätsbedingungen aber nicht erfüllt, so stellen die N Größen dq_k nichtholonome Koordinatendifferentiale dar, die wir früher mit $d\pi_k$ bezeichneten. Der Allgemeinheit halber wollen wir es unentschieden lassen, welcher Fall vorliegt, und setzen deshalb die Relationen folgendermaßen an:

$$(207)\quad \begin{cases} dx_\nu = a_{1\nu}\, dq_1 + a_{2\nu}\, dq_2 + \ldots a_{N\nu}\, dq_N, \\ dy_\nu = b_{1\nu}\, dq_1 + b_{2\nu}\, dq_2 + \ldots b_{N\nu}\, dq_N, \\ dz_\nu = c_{1\nu}\, dq_1 + c_{2\nu}\, dq_2 + \ldots c_{N\nu}\, dq_N. \end{cases} \qquad (\nu = 1, 2 \ldots n).$$

Für die Geschwindigkeiten $\dot{x}_\nu$, $\dot{y}_\nu$, $\dot{z}_\nu$ erhalten wir durch Division mit dt:

$$(208)\quad \begin{cases} \dot{x}_\nu = a_{1\nu}\, \dot{q}_1 + a_{2\nu}\, \dot{q}_2 + \ldots a_{N\nu}\, \dot{q}_N, \\ \dot{y}_\nu = b_{1\nu}\, \dot{q}_1 + b_{2\nu}\, \dot{q}_2 + \ldots b_{N\nu}\, \dot{q}_N, \\ \dot{z}_\nu = c_{1\nu}\, \dot{q}_1 + c_{2\nu}\, \dot{q}_2 + \ldots c_{N\nu}\, \dot{q}_N \end{cases} \qquad (\nu = 1, 2 \ldots n).$$

Durch Differentiation nach t erhalten wir endlich folgende Relationen zwischen den kartesischen Beschleunigungskomponenten $\ddot{x}_\nu$, $\ddot{y}_\nu$, $\ddot{z}_\nu$ und den allgemeinen $\ddot{q}_\lambda$:

$$(209)\quad \begin{cases} \ddot{x}_\nu = a_{1\nu}\, \ddot{q}_1 + a_{2\nu}\, \ddot{q}_2 + \ldots a_{N\nu}\, \ddot{q}_N + \Phi_{1\nu}\, (x_\nu y_\nu z_\nu \dot{x}_\nu \dot{y}_\nu \dot{z}_\nu, t), \\ \ddot{y}_\nu = b_{1\nu}\, \ddot{q}_1 + b_{2\nu}\, \ddot{q}_2 + \ldots b_{N\nu}\, \ddot{q}_N + \Phi_{2\nu}, \\ \ddot{z}_\nu = c_{1\nu}\, \ddot{q}_1 + c_{2\nu}\, \ddot{q}_2 + \ldots c_{N\nu}\, \ddot{q}_N + \Phi_{3\nu}, \end{cases}$$

wobei wir in den Φ sämtliche Glieder zusammengefaßt haben, die keine zweiten Ableitungen nach t enthalten. Bilden wir die Gausssche Variation δ_g von den Beschleunigungskomponenten, d. h. eine Variation, die $x_\nu, y_\nu, z_\nu, \dot{x}_\nu, \dot{y}_\nu, \dot{z}_\nu, t$ unverändert läßt und nur die Beschleunigungen affiziert, so folgt:

$$(210)\quad \begin{cases} \delta \ddot{x}_\nu = a_{1\nu}\, \delta \ddot{q}_1 + a_{2\nu}\, \delta \ddot{q}_2 + \ldots a_{N\nu}\, \delta \ddot{q}_N, \\ \delta \ddot{y}_\nu = b_{1\nu}\, \delta \ddot{q}_1 + b_{2\nu}\, \delta \ddot{q}_2 + \ldots b_{N\nu}\, \delta \ddot{q}_N, \\ \delta \ddot{z}_\nu = c_{1\nu}\, \delta \ddot{q}_1 + c_{2\nu}\, \delta \ddot{q}_2 + \ldots c_{N\nu}\, \delta \ddot{q}_N \end{cases} \qquad (\nu = 1, 2 \ldots n).$$

Die Koeffizienten $a_{\lambda\nu}$, $b_{\lambda\nu}$, $c_{\lambda\nu}$ haben demgemäß folgende Bedeutung:

$$(211)\qquad a_{\lambda\nu} = \frac{\partial \ddot{x}_\nu}{\partial \ddot{q}_\lambda}, \qquad b_{\lambda\nu} = \frac{\partial \ddot{y}_\nu}{\partial \ddot{q}_\lambda}, \qquad c_{\lambda\nu} = \frac{\partial \ddot{z}_\nu}{\partial \ddot{q}_\lambda}.$$

Die gewonnenen Ausdrücke für $\delta \ddot{x}_\nu$, $\delta \ddot{y}_\nu$, $\delta \ddot{z}_\nu$ wollen wir in die Gleichung (204) des Prinzips des kleinsten Zwanges einführen. Zunächst trennen wir diese Gleichung in zwei Teile, nach den expliziten und den Trägheitskräften:

$$\sum_\nu^{1,n} [X_\nu\, \delta \ddot{x}_\nu + Y_\nu\, \delta \ddot{y}_\nu + Z_\nu\, \delta \ddot{z}_\nu] = \sum_\nu^{1,n} m_\nu [\ddot{x}_\nu\, \delta \ddot{x}_\nu + \ddot{y}_\nu\, \delta \ddot{y}_\nu + \ddot{z}_\nu\, \delta \ddot{z}_\nu].$$

Führen wir hier die genannte Substitution durch, so erhalten wir:

$$\sum_{\nu}^{1,n}\left[X_\nu \sum_{\lambda}^{1,N} a_{\lambda\nu}\,\delta\ddot{q}_\lambda + Y_\nu \sum_{\lambda}^{1,N} b_{\lambda\nu}\,\delta\ddot{q}_\lambda + Z_\nu \sum_{\lambda}^{1,N} c_{\lambda\nu}\,\delta\ddot{q}_\lambda\right]$$
$$= \sum_{\nu}^{1,n} m_\nu\left[\ddot{x}_\nu \sum_{\lambda} a_{\lambda\nu}\,\delta\ddot{q}_\lambda + \ddot{y}_\nu \sum_{\lambda} b_{\lambda\nu}\,\delta\ddot{q}_\lambda + \ddot{z}_\nu \sum_{\lambda} c_{\lambda\nu}\,\delta\ddot{q}_\lambda\right],$$

oder anders geordnet:

$$\sum_{\lambda}^{1,N}\left[\sum_{\nu}^{1,n}(X_\nu a_{\lambda\nu} + Y_\nu b_{\lambda\nu} + Z_\nu c_{\lambda\nu})\right]\delta\ddot{q}_\lambda$$
$$= \sum_{\lambda}^{1,N}\left[\sum_{\nu}^{1,n} m_\nu\{\ddot{x}_\nu a_{\lambda\nu} + \ddot{y}_\nu b_{\lambda\nu} + \ddot{z}_\nu c_{\lambda\nu}\}\right]\delta\ddot{q}_\lambda.$$

Diese Gleichung zerfällt jedoch, wegen der Unabhängigkeit der $\delta\ddot{q}_\lambda$ in N Einzelgleichungen:

$$\sum_{\nu}^{1,n}(X_\nu a_{\lambda\nu} + Y_\nu b_{\lambda\nu} + Z_\nu c_{\lambda\nu}) = \sum_{\nu}^{1,n} m_\nu(\ddot{x}_\nu a_{\lambda\nu} + \ddot{y}_\nu b_{\lambda\nu} + \ddot{z}_\nu c_{\lambda\nu}) \quad (\lambda = 1, 2 \ldots N). \tag{212}$$

Der Ausdruck links hat eine einfache mechanische Bedeutung: Es ist nämlich die allgemeine Kraftkomponente Q_λ, die die Koordinate q_λ zu verändern strebt. Man sieht dies am leichtesten ein, wenn man in den Arbeitsausdruck $\sum[X_\nu\,\delta x_\nu + X_\nu\,\delta y_\nu + Z_\nu\,\delta z_\nu]$ die Werte von δx_ν, δy_ν, δz_ν nach (207) einführt und nach δq_λ ordnet. Der Faktor von δq_λ ist dann eben Q_λ. Ebenso setzen wir in die rechte Seite der letzten Gleichung für die Koeffizienten $a_{\lambda\nu}$, $b_{\lambda\nu}$, $c_{\lambda\nu}$ ihre Werte gemäß (211) ein. So erhalten wir:

$$Q_\lambda = \sum_{\nu}^{1,n} m_\nu\left(\ddot{x}_\nu \frac{\partial \ddot{x}_\nu}{\partial \ddot{q}_\lambda} + \ddot{y}_\nu \frac{\partial \ddot{y}_\nu}{\partial \ddot{q}_\lambda} + \ddot{z}_\nu \frac{\partial \ddot{z}_\nu}{\partial \ddot{q}_\lambda}\right) \quad (\lambda = 1, 2 \ldots N), \tag{213}$$

oder endlich:

$$Q_\lambda = \frac{\partial}{\partial \ddot{q}_\lambda} \sum_{\nu}^{1,n} \frac{m_\nu}{2}(\ddot{x}_\nu^2 + \ddot{y}_\nu^2 + \ddot{z}_\nu^2) \quad (\lambda = 1, 2 \ldots N). \tag{214}$$

Hier sind die Kräfte Q_λ ausgedrückt als die partiellen Ableitungen einer Funktion, die so gebildet ist, wie die kinetische Energie, nur mit den Beschleunigungskomponenten statt mit den Geschwindigkeitskomponenten. Wir wollen eine besondere Benennung für diese Funktion einführen: wir bezeichnen

$$T = \sum_{\nu}^{1,n} \frac{m_\nu}{2}(\ddot{x}_\nu^2 + \ddot{y}_\nu^2 + \ddot{z}_\nu^2) \tag{215}$$

als die Gibbs-Appellsche Funktion. Die Bewegungsgleichungen lauten damit:

$$Q_\lambda = \frac{\partial T}{\partial \ddot{q}_\lambda}. \tag{216}$$

Aus der Herleitung ist es ersichtlich, daß sie auch gilt, wenn die Koordinaten nichtholonom sind.

Gerade davon wollen wir eine Anwendung machen auf die Eulerschen Gleichungen des starren Körpers, der in einem Punkte festgehalten wird. Dasselbe Problem haben wir bereits früher mit Hilfe der verallgemeinerten Lagrangeschen Gleichungen behandelt (§ 10).

In diesem Falle gelten folgende Gleichungen nach Art von (207):

$$(217)\quad \begin{cases} dx_\nu = z_\nu\, d\chi - y_\nu\, d\varrho\,, \\ dy_\nu = x_\nu\, d\varrho - z_\nu\, d\pi\,, \\ dz_\nu = y_\nu\, d\pi - x_\nu\, d\chi\,. \end{cases}$$

Dabei bedeuten x_ν, y_ν, z_ν die Koordinaten eines Massenpunktes des starren Körpers in einem im Körper festen Koordinatensystem, dessen Nullpunkt mit dem festen Punkte zusammenfällt; weitere Spezialisierungen werden wir später vornehmen. Ferner sind $d\pi, d\chi, d\varrho$ die infinitesimalen Rotationswinkel um die Achsen dieses Systems. Durch Division mit dt folgt für die Geschwindigkeiten:

$$(218)\quad \begin{cases} \dot x_\nu = z_\nu\, \dot\chi - y_\nu\, \dot\varrho\,, \\ \dot y_\nu = x_\nu\, \dot\varrho - z_\nu\, \dot\pi\,, \\ \dot z_\nu = y_\nu\, \dot\pi - x_\nu\, \dot\chi\,. \end{cases}$$

Eigentlich sollten wir nicht, um unserer früheren Schreibweise treu zu bleiben, $\dot\pi$, $\dot\chi$, $\dot\varrho$, sondern lieber $\overset{*}{\pi}$, $\overset{*}{\chi}$, $\overset{*}{\varrho}$ schreiben, da keine Größen π, χ, ϱ existieren, deren Ableitungen die $\dot\pi$, $\dot\chi$, $\dot\varrho$ wären. Doch wollen wir bei der folgenden Rechnung der einfacheren Schreibweise halber die Punkte beibehalten, da ein Mißverständnis wohl ausgeschlossen ist.

Für die Beschleunigungskomponenten finden wir:

$$\begin{aligned} \ddot x_\nu &= z_\nu\, \ddot\chi - y_\nu \ddot\varrho + \dot z_\nu\, \dot\chi - \dot y_\nu \dot\varrho\,, \\ \ddot y_\nu &= x_\nu\, \ddot\varrho - z_\nu \ddot\pi + \dot x_\nu\, \dot\varrho - \dot z_\nu \dot\pi\,, \\ \ddot z_\nu &= y_\nu\, \ddot\pi - x_\nu \ddot\chi + \dot y_\nu\, \dot\pi - \dot x_\nu \dot\chi\,. \end{aligned}$$

Darin setzen wir nach (218) wieder die Werte für die $\dot x_\nu$, $\dot y_\nu$, $\dot z_\nu$ ein, was liefert:

$$(219)\quad \begin{cases} \ddot x_\nu = z_\nu\, \ddot\chi - y_\nu \ddot\varrho + y_\nu\, \dot\pi\, \dot\chi - x_\nu\, \dot\chi^2 - x_\nu\, \dot\varrho^2 + z_\nu\, \dot\pi\, \dot\varrho\,, \\ \ddot y_\nu = x_\nu\, \ddot\varrho - z_\nu \ddot\pi + z_\nu\, \dot\chi\, \dot\varrho - y_\nu\, \dot\varrho^2 - y_\nu\, \dot\pi^2 + x_\nu\, \dot\chi\, \dot\pi\,, \\ \ddot z_\nu = y_\nu\, \ddot\pi - x_\nu \ddot\chi + x_\nu\, \dot\varrho\, \dot\pi - z_\nu\, \dot\pi^2 - z_\nu\, \dot\chi^2 + y_\nu\, \dot\varrho\, \dot\chi\,. \end{cases}$$

Wenn wir nun T bilden, so ist es eine große Vereinfachung der Rechnung, daß man alle Glieder, in denen kein doppelter Punkt vorkommt, fortlassen kann, weil bei der Gaussschen Variation dieses Glied doch keinen Beitrag liefert. Man erhält so z. B. für $\ddot x_\nu^2$:

$$\begin{aligned} \ddot x_\nu^2 = {} & z_\nu^2\, \ddot\chi^2 + y_\nu^2\, \ddot\varrho^2 - 2 z_\nu\, y_\nu\, \ddot\chi\, \ddot\varrho + 2 z_\nu\, y_\nu\, \dot\pi\, \dot\chi\, \ddot\chi - 2 x_\nu\, z_\nu\, \dot\chi^2 \ddot\chi - 2 x_\nu\, z_\nu\, \dot\varrho^2 \ddot\chi \\ & + 2 z_\nu^2\, \dot\pi\, \dot\varrho\, \ddot\chi - 2 y_\nu^2\, \dot\pi\, \dot\chi\, \ddot\varrho + 2 x_\nu\, y_\nu\, \dot\chi^2\, \ddot\varrho + 2 x_\nu\, y_\nu\, \dot\varrho^2\, \ddot\varrho - 2 y_\nu\, z_\nu\, \dot\pi\, \dot\varrho\, \ddot\varrho + \ldots \end{aligned}$$

Die übrigen Komponenten der Beschleunigung folgen daraus durch zyklische Vertauschung der Buchstaben x, y, z sowie π, χ, ϱ untereinander.

Bilden wir damit $\sum\limits_\nu m_\nu(\ddot{x}_\nu^2 + \ddot{y}_\nu^2 + \ddot{z}_\nu^2)$, so treten Glieder mit den Faktoren $\sum m_\nu x_\nu^2$, $\sum m_\nu y_\nu^2$, $\sum m_\nu z_\nu^2$ und solche mit den Faktoren $\sum m_\nu x_\nu y_\nu$, $\sum m_\nu y_\nu z_\nu$, $\sum m_\nu z_\nu x_\nu$ auf. Diese letzteren sind aber bekanntlich die sogenannten Deviationsmomente um die Achsen und sie gelangen zum Fortfall, wenn wir das Koordinatensystem, wie es bei Ableitung der Eulerschen Gleichungen zu geschehen pflegt, mit dem Hauptträgheitskreuz durch den festen Punkt zusammenfallen lassen. Dann wird ganz einfach:

$$\begin{aligned} 2T = \ddot{\pi}^2 \sum_\nu m_\nu (y_\nu^2 + z_\nu^2) + \ddot{\chi}^2 \sum m_\nu (z_\nu^2 + x_\nu^2) + \ddot{\varrho}^2 \sum m_\nu (y_\nu^2 + x_\nu^2) \\ + 2\dot{\pi}\dot{\varrho}\ddot{\chi} \sum m_\nu (z_\nu^2 - x_\nu^2) + 2\dot{\chi}\dot{\pi}\ddot{\varrho} \sum m_\nu (x_\nu^2 - y_\nu^2) \\ + 2\dot{\varrho}\dot{\chi}\ddot{\pi} \sum m_\nu (y_\nu^2 - z_\nu^2) + \ldots . \end{aligned}$$

Nun ist ferner, wenn die Hauptträgheitsmomente, wie gewöhnlich durch A, B, C bezeichnet werden:

$$A = \sum m_\nu (y_\nu^2 + z_\nu^2), \qquad B = \sum m_\nu (z_\nu^2 + x_\nu^2), \qquad C = \sum m_\nu (x_\nu^2 + y_\nu^2),$$

und daraus durch geeignete Subtraktion:

$$B - A = \sum m_\nu (x_\nu^2 - y_\nu^2), \quad C - B = \sum m_\nu (y_\nu^2 - z_\nu^2), \quad A - C = \sum m_\nu (z_\nu^2 - x_\nu^2),$$

womit der Ausdruck von T — abgesehen natürlich von Gliedern, die keine zwei Punkte tragen — wird:

$$T = \frac{A}{2}\ddot{\pi}^2 + \frac{B}{2}\ddot{\chi}^2 + \frac{C}{2}\ddot{\varrho}^2 + (A - C)\ddot{\chi}\dot{\pi}\dot{\varrho} + (B - A)\ddot{\varrho}\dot{\chi}\dot{\pi} + (C - B)\ddot{\pi}\dot{\chi}\dot{\varrho}. \tag{220}$$

Bezeichnen wir nun die allgemeinen Kraftkomponenten wie früher mit Π, X, P in dem Sinne, daß $\Pi\,\delta\pi + X\,\delta\chi + P\,\delta\varrho$ die Arbeit bei der infinitesimalen Drehung $\delta\pi$, $\delta\chi$, $\delta\varrho$ bedeutet, so haben wir nach (216) und (220)

$$\Pi = \frac{\partial T}{\partial \ddot{\pi}} = A\ddot{\pi} + (C - B)\dot{\chi}\dot{\varrho},$$

$$X = \frac{\partial T}{\partial \ddot{\chi}} = B\ddot{\chi} + (A - C)\dot{\varrho}\dot{\pi},$$

$$P = \frac{\partial T}{\partial \ddot{\varrho}} = C\ddot{\varrho} + (B - A)\dot{\pi}\dot{\chi},$$

d. h. die Eulerschen Gleichungen. Es ist bemerkenswert, daß die Gibbs-Appellsche Form der Bewegungsgleichungen dieses Resultat mit erheblich weniger Rechenarbeit zu gewinnen gestattet, als die erweiterten Lagrangeschen Gleichungen für nichtholonome Koordinaten.

Metzger & Wittig, Leipzig

www.ingramcontent.com/pod-product-compliance
Lightning Source LLC
LaVergne TN
LVHW042249300926
849161LV00003B/527

* 9 7 8 3 1 1 2 6 8 7 1 1 6 *